一つの惑星、多数の世界

気候がもたらす視差をめぐって

ディペシュ・チャクラバルティ 著
Dipesh Chakrabarty
篠原雅武 訳

人文書院

一つの惑星、多数の世界　目次

第三章　現在のうちにとどまる　127

一つの惑星、多数の世界――気候がもたらす視差をめぐって

ブルーノ・ラトゥールの思い出に
フランソワ・アルトーグとエチエンヌ・バリバールの友情に

はじめに

二〇一七年三月に私は、ブランダイス大学にて、第五回「マンデル人文学記念講演」で全三回の講演を行うよう招待されるという栄誉に浴した。これらの講演を行い、親切で寛大な主催者であるラミー・タルゴフ教授と議論し、そこに参加していた優秀でやる気に溢れた彼女の同僚たちと議論するのはとても楽しく刺激的であった。だが、この講演録の刊行は、私にはいかんともしがたい不運な状況のせいで遅れてしまって、結局この講演で発表した題材のうちのいくつかを『惑星時代における歴史の気候』〔以下『歴史の気候』〕に収録することにしたのであるが、これは二〇二一年三月に出版されることになった。この事実については、その本のなかでも述べたとおりである。

私がここで提示するのは、三章の形式で構成された新しい題材である。もしも私がこの講演を今日行うことになったとしたら、これらをそのまま発表していただろうと今の私は想像している。この題材は、『歴史の気候』の完成のあとに私が取り組んできた研究と著述活動からとられている。それはいまだに（そしてこの本も）、人間が引き起こした気候変動の歴史的で文化的な意味を惑星とグローバルとポストコロニアル——そして今は脱植民地——の観点から探求するという、これからもさらに続くことになる課題について語っている。この本は『歴史の気候』とは異なっているとはいえ、前著の続編として、あるいは後日談として読むことができる。私はこの機会を活用して新しい問題を探求し、いくつかの批判に応じ、以前には掘り下げて探究するための時間をとることができないでいたいくつかの問いに取り組もうとした。

パンデミックの経験は、私の考えでは、人間が引き起こしたグローバルな温暖化や気候変動の現象と関係なくはないのだが、人間および人間ならざるものと関係のある問題についての問いと視座をもたらすことになった。私はパンデミックについての議論から始めることにする。それから私は『歴史の気候』でわずかに触れた問題にうつる。すなわち、「自然」の歴史と「人間」の歴史のあいだの分離の近代的な起源をめぐる探究であり、この分離において問題となりうることをめぐる探究である。この問題と、それについての議論が、

第二章を構成する。第三章、つまりは最終章は、本書の表題がほのめかす問いに取り組む。異なった世界を持つことゆえに、人間には、一つのものである惑星に取り組むことが難しくなるのか。もちろん多くの人は、惑星が実際は一つであるという見解に疑問をもつだろうし、そこには私の友人であるクリストフ・ボヌイユと晩年のブルーノ・ラトゥールが含まれる。ラトゥールは、三つの章のすべてに登場する。彼の思考は、たとえ私が彼に同意しないようなときであっても、欠かすことのできない同伴者であった。哲学者のデボラ・ダノウスキーと人類学者のエドゥアルド・ヴィヴェイロス・デ・カストロも、第三章での私の主要な対話者のなかに含まれる。私は、人類学を脱植民地化するために彼らが払う努力へと批判的に関与しつつも、彼らとその他の人たちの思考を、気候変動をとりまいている政治の全ての領域を貫く重大な緊張事態と私が考えているものへと差し向けていく。すなわち、私たちの一つの惑星と、そこで私たち人間が、生きているものも生きていないものも含めたさまざまな人間ならざるものの実体と絡まり合いつつ、つくり、そして住み着いている多くの異なる世界とのあいだでの緊張である。これらの世界それ自体もまた互いに絡まり合っていると私は論じることにする。

『歴史の気候』と『一つの惑星、多数の世界』のあいだにはひとつの違いがあることに私は言及すべきだろう。『歴史の気候』は新しい哲学的な人間学へと向かう私の試みを提示しているが、自らの判断で政治的なものに先立つ（pre-political）ものの空間のうちにとどまっていた。「政治的なものに先立つ」というのは、カール・ヤスパースがこの表現を用いたときの意味においてであるが、それは私がこの本の最後の章で説明したとおりである。『一つの惑星、多数の世界』は、気候に関わる政治の行動の（あるいはその内における）行程表につきまとう主要な問題を理解しようと試みる。人間は政治的には一つではないが、地球システムの科学者は惑星を――つまりは地球システムを――一つのものと考えている。この本が取り組むのは、まさにこの一つと多の問題である。

ディペシュ・チャクラバルティ
シカゴ
二〇二二年一〇月一〇日

序章　惑星的なものと政治的なもの

この本のために私が考えていた最初の題名は、「温暖化する世界のなかでヨーロッパを周縁化する」だった。ブランダイス大学で、この題目でマンデル記念講演を行ったのは二〇一七年だったが、その五年前に私は、「ポストコロニアル研究と気候変動の挑戦」というタイトルの論考を、「ニュー・リテラリー・ヒストリー」という学術雑誌で刊行した[1]。さらにこの論考は、気候変動に関する私の一番最初の頃の論考である「歴史の気候——四つのテーゼ」での主張を敷衍したものであるが、結果として、次のことが明らかになった。すなわち、サバルタン研究、資本のマルクス主義的な分析、ポストコロニアル研究で積んだ私の訓練は、グローバリゼーションを論じるのには相応しいものだが、グローバルな温暖化が人間にもたらす窮境について考えようとすると的外れになる、ということが[2]。もちろん、私の胸中にあったのは、人間に起因する気候変動の問題は、私たちに、地球システム科学（ＥＳＳ）――惑星的な気候変動の問題を明確にした科学的な知識の学際領域――に取り組むことを要請するという事実であった。これに取り組むのを欠くなら、私たちがこの頃経験している気まぐれな天候パターンに関する説明をなおもしてみたところで、全体として捉えたときの惑星の気候システムがいかにして作動するかを理解することはできない。

だが、ＥＳＳに取り組むことは、人文科学の研究者には何を意味するのか。それが意味するのは、社会科学と人文科学のなかですでに存在している分析手法の持ち駒にＥＳＳを追加しておきながらそれらの手法に何ら影響を与えないままにしておくということなのか。ＥＳＳの思考にとって本質的な、地質学的で生物学的である深層的な歴史と出会うことは、人文科学の研究者があつかっている「歴史」の表層的な時間を変えるかもしくはその正当性を問題にすることにもなるのか。一つの学術としての歴史に関するこれらの問いに私は歴史学者として取り組むのだが、他方で、地理学者のナイジェル・クラークと社会学者のブロニスワフ・セルジンスキーは、すでにこの問題を「社会の思想」一般との関連で提起してきた。このプロジェクトを彼らは「社会的なものの地質学化」と言い表す。すなわち、私たちは「人新世を社会化」すべきで、同じく社会を「地質学化」すべきであると主張する[3]。

私の最初の主張は、とりわけ生物学的なカテゴリーである「種」を（たとえばE・O・ウィルソンが使っているようにして）使用していたために、多くの反論を誘発することになった。それは、人間／社会／惑星の問題のすべての起源は社会的・経済的な不平等にあると考える研究者によるきわめて敵対的なものから、もっと含みがあって歓迎的で鷹揚な、それでいてときに批判的な、イアン・バウコムのような研究者のコメントにまで至る[4]。そして講演や学術会議でしばしば私に投げかけられた疑問は、ヨーロッパを周縁化することに関する私の成果と気候変動に関する新しい成果のあいだの関係についてのものであった。それで私は、二つのあいだに関連性がありうるとしたらそれは何かということについて考え続けることになった。

これらの批判と疑問は、二〇一七年のブランダイス大学での講演で私が話した事柄に明確な形を与えることになった。またそれらは、本書での議論にも明確な形を与えている。だが、グローバルな温暖化と、人新世《じんしんせい》の仮説——それによると、惑星は、人間が惑星に及ぼす影響のせいで完新世の地質学的な時代の閾を超えてしまって新しい時代に突入し、それに人新世という名前が当てがわれた——を理解するのに際して定めた問題に取り組むうちに、最終的に、「グローブ」および「惑星」という範疇のあいだの分析的な区別を提示することになったのだが、人文科学の思考にとってそれらが有する重要性の度合いはあきらかに異なっている。私は、この区別が、地球システムの深層的な時間と出会うところで生じたと論じた。地質学と生物学が私たちの惑星の歴史において相互作用し生命を支えるシステムを創出するがこれが今や危機に陥っている。これが意味するのは、「グローバリゼーション」という表現での「グローブ」と「グローバルな温暖化」での「グローブ」は同じ意味をもたないということだと（哲学者のカトリーヌ・マラブーからの口頭と文書での助言に示唆をえて）私は述べた。「グローバリゼーション」の「グローブ」は、人間と、さらには輸送およびコミュニケーションのテクノロジーによってもたらされた、せいぜいのところ五〇〇年程度のものでしかなかった。それは、人間をその中心とする、人間によって語られる物語であった。「グローバルな温暖化」の「グローブ」は、ＥＳＳが地球システムと呼ぶものを意味してきた。これはＥＳＳの研究者が発見した構築物で、惑星的なプロセスを指し示してきたのだが、そこでは地質学的な要因と生物学的な要因が組み合わさり、複雑で多細胞の生命体を支えるための独自のシステムを惑星が発展させていくのを促してきた。

地球システムの物語もまた人間によって語られる物語であるが、そこでは人間は中心にいない。地質学や（進化）生物学のような学術領域が人間中心的になることなどないが、なぜなら人間が語る物語のなかに人間が登場するのがあまりにも遅いので、その語りの中心になることができないからだ。「地球システム科学」で言われるこの「地球システム」を私はついには「惑星」と記述することになった。[5]グローブと惑星の区別は、この世界規模での環境危機の時期において可能な、新しい哲学的な人間学の基礎になると私は論じた。

さらに私は、惑星という分野を人文科学的な思想と日々のニュースの領域内にもたらしたのは、二〇世紀後半の、資本主義とテクノロジーが駆動するグローバリゼーションの過程の増進だったと主張した。この地球システムには、かつては専門的な科学者しか関心を持たなかった。私は次のように書いた。「グローバリゼーションの増進とその帰結であるグローバルな温暖化の危機が確証したのは、これらの現象の研究に付随してきたすべての議論をともなって、惑星――あるいは地球システムといったほうがいいのかもしれないが――が人文科学の研究者の知的な地平のあらゆるところにおいてさえ認識されるということであった」。[6]そしてまた次のように書いた。「ハイデッガーの言い回しを用いるのであればば、利潤と権力をなおいっそう獲得すべく地球に働きかければ、その分だけ私たちは惑星といっそう出会うことになるということができる。惑星は、グローバリゼーションのプロジェクトから発生した[7]」。

だが、私の著作に関するありがちな誤解を避けるためにも、グローブと惑星が互いに排除しあう二つのものを構成すると主張したのではないと指摘しておくべきだろう。軽率な読者は私をこのような見解を持つものと考えてきたが、それは私が言ったことではない。私の思考では、「グローブ」と「惑星」はいつも相互に関係している。この二元論的でない分析的な区別を、人間の歴史をあらためて概念化するための方法としてさらに精緻化していくことに関しては、私の著作『惑星時代における歴史の気候』を読者にお薦めしたい。「グローバルに思考することと惑星的なあり方で思考するのは、たとえそれらが異なっていようと、人間にとっては、あれかこれかの問題ではない[8]」。

グローブと惑星の区別に使い道があると思うのは、それがグローブと惑星という二つの異なっているが互いに関係しあう観点を提供するからで、そこから人間の歴史に関する二つの視座を同時に展開できるようになるからだ。私たちの時代のための人文科学的な歴史を書くにはこれらのいずれの視点にも取り組まなくてはならない。人間たちは、私が惑星と呼ぶものにどのようにしてかかわったらいいのかという問いをめぐって分断されているし、これからも分断されているだろう。だが、人間が引き起こす気候変動の時代には、惑星が、逃げることも避けることもできない関心事として現れることになった。「地球システム科学」の「地球システム」（あるいはここでいう惑星）を「グローバリゼーション」の「グローブ」と区別する、主だった差異のいくつかを列挙するとこうなる。

1　グローブは、人間がつくったものである。そこには帝国と資本主義とテクノロジーの産物が含まれている。人間がその物語の中心にいる。人間たちが、グローブを作り出すことに関する物語の主要な登場人物である。惑星は、同じく人間の構築物だが、それでも人間を中心から追いやる。人間は、惑星の地質学的で生物学的な歴史においてはとても遅れて登場するので、これらの語りの中心になることはできない。「惑星」というカテゴリーが語りにもたらすことになるのは、たとえば、惑星はたとえ人間がそこでみずからの年代を刻み込むことがなかったとしても四五億年もの長きにわたって存在してきただろう、という洞察である。

2　グローブは、ただ過去五〇〇〇年の有史時代に属しているのに過ぎない。惑星は深層的な歴史に関わるものであり、惑星の地質学的生物学的な歴史に関わるものである。

3　グローブは、ただ人間に特有のもので、その中心には地球にかんする人間の経験がある。惑星は、「火星は複雑な生命にとって住むことのできるものになるだろうか」や「水星は度を超えた惑星の温暖化を経験したせいで熱くなったのか」といった問いに答えようとする人間の試みから生じた点で、他と比較が可能なものである。他方でテクノロジーは、とりわけ私たちが「地球の気候を人間によって操作することはできるか」と問う場合、グローブと惑星を繋ぐことになる。この問いそのものは、私たちはもはやただグローバルな時代にいるだけではないということを示唆する。私たちは、グローバルであると同時に惑星的でもある時代にいる。

4　持続可能性《サステイナビリティ》は、グローバルで人間中心主義的な用語である。それは、人間が地球を、後続世代の人間にとって持続可能な状態で保つことができるかどうかと問うている。惑星は、生存可能性（habitability）についてのもので、たとえば私たちが、「惑星はどうしたら生命にとって生存可能なものになるか」と問うとき出てくる問題である。ここで「生命」

は、人間の形態における生命にのみ限定されるものではない。

5　グローバルな歴史は、この惑星において生命の秩序が、人間が優位な状態で保たれていることに関わるものである。他方で、惑星の地質学的生物学的な歴史は、私たちがマイナーな生命体で、惑星におけるメジャーな生命体はバクテリアやウイルスや原生生物や菌類であるということを、私たちに気づくよう迫る。人間の観点でいうと、この気づきは私たちに、マイナーな思考の形式を他の生命体との関わりのなかで発展させるよう促すものである。

6　グローブ、地球、世界は、近代の歴史記述で使われているように、そのすべてが、人間とその世界としての環境のあいだの相互関係を前提とした区分のための用語になる。私たちが「地球は私たちの家である。それは、私たちがそこに住み着くことができるようにして作られている」と言うときに、この相互性の関係を表現している。このような感傷的な気分は明らかに古くからのものだが近代において新しい形で存続している。惑星、つまり地球システムは、私たちとの関わりにおいてかつてのそれとは異なっている。生命を支える惑星的なプロセスは、私たち人間という目的に仕えることを求められているわけではない。人間は、この惑星の生命の歴史における、偶然の産物の一つである。惑星が私たちの眼差しを見つめ返してくることはなく、その意味で私たちには、それとのいかなる相互的関係をも想定することができない。

7　人間の制度とテクノロジーによって作り出されたグローブは、道徳的でそれゆえに政治的な問いへとみずからを差し向ける。それは公平性や規範の問題に適合的である。他方で、惑星的な諸力は、私たちをその生き物としての生命にまで格下げする。惑星の「猛威」――津波、地震、熱波（そのすべてが、地球システムに私たちが干渉することで引き起こされているのだが）――に直面するとき、私たちの政治は生存の政治（politics of survival）へと格下げされるが、それは、カントやアーレントであれば、いかなる道徳的な意味をも欠いていることを理由に「政治的なもの」とは呼ぶことのないものである。(9)

惑星的なものと政治的なもの

私がここで用い、説明してきた意味での「惑星」という範疇は、人間が政治的なものの領域と考えているものに対し独特の難題を突きつけてくる。すなわち、国民国家や権力と不平等の形成から個人としての人間といったことに由来する様々な活動を含む領域に対する難題である。問題なのは次のことである。惑星、つまりは地球システムは、差異化されていながら統一されている、ということである。それは、私がかつてそう呼んだように、「諸関係のダイナミックな総体」[10]である。それは、地質学的な時間を通して、一つの状態から別の状態へと揺れ動く[11]。クラークとセルジンスキーは、惑星についてのこのアイデアを社会科学へと統合するということにかけては大抵の人にもまして優れている。彼らは「地球は、生命を支える単一のシステム以上のものである。惑星体にはただ結合だけでなく、切断や破断といったことも存在している」[12]と述べ、「惑星的な多数性」という考え方を導入し、「地球には一つの状態から別の状態に推移する傾向が備わっていて、しかもそれが急速に起こる」という否定することのできない事実に言及する。だが彼らはこの惑星の一体性をも認めており、それを「ダイナミックで自己組織的な」実体とみなしているが、それはちょうどマーク・ウィリアムズとヤン・ザラシーヴィッチがその生命圏に関する近著で述べていることでもある[13]。

その差異化された表象のもとで、惑星あるいは地球システムは、さまざまな絡まりあいについて語っている。すなわち、地質学的なものと生物学的なものの絡まり合いや、異なった生命体の絡まり合いのことだが、それはたとえば、バクテリアとプランクトンの営みが空気中の一定の酸素と繋がっていくということである。このような絡まりあいは、ダナ・ハラウェイ、アナ・チン、ブルーノ・ラトゥールといった人たちが、その洞察力と想像力を発揮して、書き続けてきた主題である。絡まり合いは、惑星にある、差異化された側面を表象している。だが惑星は一つでもある。人間のための炭素収支《カーボン・バジェット》についてはＩＰＣＣ〔気候変動に関する政府間パネル〕が毎年刊行しているが、これは、一つの大気と一つの惑星が存在するということ、すなわち生命を支える全体的で唯一の地球システムとして扱うことの可能な惑星的な気候システムが存在するという思想にもとづく(14)。このすべてに関する「科学」が「地球システム」〔複数の「システム」ではなくて単一の「システム」〕科学と呼ばれているのは意味深長である。地球システムの科学者によって運営されていた、今では閉鎖されてしまった地球圏・生物圏国際協同研究計画による定義は、以下のとおりである。

「地球システム」という用語は、地球の相互作用する、物理的・化学的・生物的なプロセスのことを意味している。システムは、大地、海洋、大気、北極と南極で成り立っている。それは惑星の自然サイクル——炭素、水、窒素、リン、硫黄などのサイクル——と深層の地球のプロセスを含んでいる。生命ももちろん地球システムの構成部分である。生命は、炭素と窒素と水と酸素と多くの他のサイクルとプロセスに影響を与える。地球システムは今では人間の社会を含んでいる。私たちの社会と経済システムは今や地球システムに埋め込まれている。多くの場合、人間のシステムは今や地球システムにおける変化の主要な動力源である。(15)

ここで書かれていることのすべては、惑星に関して、ＥＳＳで提唱されているのとは別の理解や表象が多く存在しうるということを、否定するものではない。たとえばインドの占星術師には、惑星的な存在としての人間のありさまを説明するための、まったく異なる根拠がある。何千年もの昔、太平洋の島々に、夜の星空を頼りにして海を精査しつつ住み着いた先史時代の人間から、古代ギリシアやインドの占星術、季節にかんする農民たちの語り、さらには科学におけるコペルニクス的転回とそれがもたらす帰結に至るまで、これらのすべてが、惑星的思考の実例である。だが惑星の大気状態のための炭素収支《カーボン・バジェット》をめぐるＩＰＣＣの勧告は、惑星は差異化されているがそれでも一つであるという想定に基づくことではじめて可能になる。

他方で人間は、政治的な観点からいうと、一つではなく差異化されているだけである。政治においては人間は単一ではない。政治は人間を差異化するものから生じる。人間にかかわる普遍的な真理と思われるもの――たとえば人間たちは他の生命体と絡まり合う生物学的な種である――は、そこから一つの政治的主体が発生してきて世界において自らを投企するためのいかなる根拠も形成しない。かつてサルトルが、ヘーゲルにまで遡る思想の行程を追いながらフランツ・ファノンの『地に呪われたる者』の序文で指摘したように、ある人間が他の人間によって人間として承認されるのは、序列と分離、植民地化、拷問、抑圧、剝奪、奴隷化の生産のための根拠になるということであるのかもしれない。「私たち（ヨーロッパ人たち）は、人間という種のなかに、普遍性という抽象的な前提を見出すのだが、これがより具体的な実践（人種差別）を覆い隠すためのものとして役立ってきた。海の向こう側には劣った人間の種が存在しているのだが、それが私たちのおかげで、おそらくは一千年もたてば私たちと同等の立場を獲得することになるだろう。要するに、私たちは人間という種を、エリートを意味するものと考えてきた[16]」〔訳書二七頁〕。

ＩＰＣＣは一つの惑星を設定し、単一の惑星的な行程表にもとづく、ある程度は同時化された人間の行動を呼びかけるかもしれないが、人間とそれを代理表象する制度は、つねにこの一体性へと、その諸々の差異を経て到達するのを欲するかもしれない。ESSにおける一つの惑星は、多数の惑星へと分裂する。すなわち、豊かなものと貧しいものの惑星へと分裂し、以前は帝国主義的だった国家とそれらがかつて従わせたかもしくはいまだに従わせている人々の惑星へと分裂する。この観点をとても説得力のあるやり方で明確化したものとしては、キャサリン・ユソフの『一〇億の黒い人新世、あるいは無』がある。

もしも惑星の危難を想像することが「私たち」という観念を強要するのだとしたら、それはただ後期自由主義という詭計が危ぶまれるときのみである。この「私たち」は、その地質学の富が先住民の虐殺と抹消と奴隷化という下位的な地層に支えられてきたことへの責任のすべてを否定し、そのような富の蓄積が現在においてなおも行われていることをはぐらかすのだが、というのも、「私たち」なるものが、地質学をめぐる諸々の経済がなおも地政学を大々的に規定するだけでなく、剝奪となおも続く入植植民地主義を、自然化し、まとめあげ、作動させる様式を大々的に規定していることを忘れないでいるためにも、そうするよりほかないのである(17)。

そしてあとのほうではこう書かれている。

普遍性や人間性の装いのもとで、地質学における人間集団を擁護するのは、実際のところ、地質学において形成され、それを通じて形成された主体の諸関係が差異化されていることを歪めることである。こうやって、地質学的なものを（土地、鉱物、金属、金、商品、価値、資源へと）分類し体系化することが、窃盗行為の歴史的な土台になり、剝奪の領域を作動させるのだが、そこでは、閉じ込めるための言語が、採掘を物質的に組織化するのに用いられる。しかも暴力が、余剰の富を人々と地球から解放するという装いにおいて、覆い隠される。(18)

ユソフは、これらの見解を表明するために、先住民からの剝奪と「奴隷化および監禁労働」を証拠として出す。地球システムに関する私たちの知識は、歴史的であるというだけでなく現在も存続しているレイシスト的な抑圧にもとづいている。地球システムの「唯一性」は、地球システムそのものの可能性の条件である、人間の差異化の事実を隠蔽する。インドと中国という、入植植民地主義の支配の影響を受けなかったがそれでもさまざまなやりかたでヨーロッパの帝国主義の被害者になった諸国家に目を向けてみても、私たちはその実践を通じて惑星を分裂させる同様の傾向を見出すことになる。中国とインドが、産業化された諸国家に向かって、惑星の温暖化はそれら諸国家の歴史的な責任なのだから自分たちには発展のための炭素排出の余地がもっと与えられて然るべきであるというとき、それらは気候の正義という重要な問題を提起しているだけでなく、さらに同時に惑星を差異化する。それは発展した国に向けて次のように言うのに似ている。「惑星は、次の二〇年か三〇年は主にあなたたちのものである。その面倒を見るのも主としてあなたたちの仕事である。私たちはさしあたっては成長に主として重きをおくべきである」。これが惑星を分裂させる行動である。

気候変動の科学によって描かれる地球システムの一体性と、人間の政治の多元世界的な性質とのあいだでの、構造的で解消し得ないこの食い違いは、私の考えでは、今日の人間の条件の根本的な局面を規定する。ESSそのものは、人間性の差異化された性質の産物である。それは冷戦時代の分断の産物である。冷戦は、大気科学と比較惑星科学のあり方を根本的に規定した。放射性降下物が及ぼす大気圏への影響や気候の兵器化、火星やその他の天体への植民といったことが、超大国の防衛上の関心事項になった。宇宙探索のテクノロジーは、結局のところは冷戦に由来し、大気と宇宙のさらなる兵器的利用に帰結することになった。その全てが、アメリカ合衆国では一九八〇年代にESSを作り出すことになった。この連関は、次の事実に見ることができるかもしれない。すなわち、アメリカの国防省の上層部や、糾弾の的となっている石油会社や採掘企業が穿孔に不可欠なテクノロジーを発展させることがなかったら、気候の科学者たちには、八〇万年前に作り出された氷を穿ち、はるか昔の気泡を採取することはできなかっただろう。なぜなら穿孔のテクノロジーが改善されることで、それが可能になったからである。私たちが人新世において存在しているかどうかはともかくとしても、人工衛星を使った測定や、極冠に穴を穿つことや海洋測定によってグローバルな温暖化の条件を科学的に探求することで、科学者たちは「地球システム」と呼ばれるハイパー・オブジェクトを構築することができるようになった。私が惑星と呼ぶのはこれである。それは抽象的な科学的構築物で、地質学と生物学がそこで長らく連結された現象であったところのこの惑星が、まさにこの「システム」として作動する、生命を支えるシステムを備えることになるのはいかにしてかということを説明するものである。惑星のプロセスは、たとえば植物プランクトンの働きをも含むのだが、これが三億七五〇〇万年ものあいだ、大気の酸素の水準を、（人間をも含めた）動物と植物の生存を支えるものとして維持してきた。この大気は私たちが存在するのに決定的に重要だが、それが作られたのは人間を考慮に入れてのことではなかった。惑星がこの大気をおおよそ三億七五〇〇万年のあいだ保ってきた[19]。

ＥＳＳの起源を冷戦という時代状況に位置付けるのは科学を歴史化することであるが、それでもそれは科学が表現することになった知識の価値を減じることにはならない。人間の政治の惑星的な条件に私たちが気づくのは、世界中で増大していく極端な気象の出来事の頻度とインパクトのせいで、私たちが、ＩＰＣＣが長いあいだ宣伝してきたメッセージに敏感になるときである。

私の著作『ヨーロッパを周縁化する――ポストコロニアルの思想と歴史的差異』はグローバルの問題について語ったが、当時のポストコロニアル批評と理論家の大半がそうであったように、惑星的なものを自覚していなかった[20]。この文章を書きながら私はバウコムがその著作『四℃の歴史――人新世の時代における方法論の探究』で行った、気候に関する私の著述への、考え抜かれていて注意深く、丁寧だがそれでいて手厳しい批判のことを考えている。そこで彼は、私をかつての私自身から救い出しつつ、『ヨーロッパを周縁化する』にも、地質学的な行為体としての人間を概念化するのに活用可能な手立てがあると主張している。[21] バウコムは、正しいかもしれないし、正しくないかもしれない。あるいは、私たちの立場のあいだには何らかの妥協点が存在しているかもしれない。今はとりあえずこの問いについては判断を差し控えておく。だが私は、私が考えているような意味での惑星、つまりは地球システムとしての惑星は、バウコムの著作には出てきていないと申し上げたい。それは、ポール・ギルロイが「惑星的ヒューマニズム」という表現でその言葉を用いているということに部分的にはもとづくもので、そこで「惑星」は、私の読解では、人間と同一の平面上にある。[22]「惑星」という言葉を私が使うときそれは地球システムを意味するのだが、すなわちそれは、何億年ものあいだ、人間が存在することになるよりもはるか以前から、存在してきたもののことである。惑星的な思考の多くの他の形態とは異なり、この惑星は、人間が世界について直接に経験できることを示さない。私たちはたとえば、深海や海流、大気中の微量気体、頭上のオゾン層、シベリアの永久凍土、ヒマラヤの氷河といったものが惑星全体の気候システムを維持するうえで果たすことになるたくさんの役割を直接に経験することがない。また、惑星の歴史の全体を、人間の存在の歴史のなかで説明し尽くすのは不可能である。決定的に重要な惑星の過程のいくつかは、人間が政治や他の決定を行うときに普通は考慮に入れることよりもはるかに巨大な時間規模で展開している。私が惑星的なものということで意味するのはおそらくはアキーユ・ンベンベの「人間は極めて長大で深い歴史の一部だがそれらは人間たちのものではない。人類の存在そのものは実は極めて最近のもので、これと比べると、歴史はもっと壮大なまでに古い」[23]という見解と合致している。

だが、気候の危機において何をなすべきかという政治的な問いは、ただ人間のためのものであるように思われる。他の生きている諸々の存在者も、温暖化した惑星が突きつけてくる挑戦に応答せねばならないことには疑いの余地がないが、それに関して明確にされた問いは、ただ人間のためのものである。それは、極端な天候がもたらす出来事が世界のさまざまに異なる場所で発生し、さまざまな形態の惑星的な環境危機が——たとえばパンデミックが——人間と他の生命を危険にさらすとき、人間にとって切実になる問いである。地球システムの概念がどれほどまでに抽象的で、人間が他の生命体と——それが生きていようと生きていなかろうと——どれほどまでに絡まり合っているとしても、政治的なものを概念化するうえでは、世界をめぐる人間の経験への問いから始めるほかに代案など存在しないように私には思われる。人間の現象学は、惑星的な事物としての人間の歴史を含めた人間ならざるものの歴史との関わりにおいて、(昔ながらのアルチュセールの用語でいう)「相対的な自律性」を付与されてしかるべきである（これは人間とその経験を形作るうえで人間ならざるもの——地球物理学的な力のような事物としての人間を含めた人間ならざるもの——にある行為性を否定することではない）。

私はこの問題を、トマス・ネイルの独創的で賞賛に値する著書『地球の理論』を参照しつつ説明してみたい[24]。私は実際のところ、トマス・ネイルが論じることにいくつかの根本的なところで同意しないが、というのもそれは、人間中心主義を回避するという、よく考えられてはいるが誤って考えられた試みのもとで、人間の歴史を惑星の歴史へと完全に組み入れようとするものだからだ。トマスの議論では、人間は地球の産物である。それは、多くの人が人間（human）と腐植土（humus）の語源的なつながりを指摘してきたことからいえるのであるが、そのために人間の歴史は、この生きている惑星の歴史の特徴を基本的なところで繰り返しているということになる。彼は次のように問う。「呼吸に関する人間の考えは、そもそもどこから来たのか。呼吸する人間が存在していた前にはすでに呼吸する地球が存在していた。人間が呼吸するのは地球が呼吸するからだ。……大気は地球の呼吸の産物である。これは隠喩ではない。あるいは、おそらくはそれは反転された隠喩である。地球が呼吸しないとしたらそれは人間が呼吸しないからなのだが、じつをいうと、その反対である。人間中心主義はすでに、自らを忘却してしまった地球中心主義である[25]」。人間ではなくて地球、それも生命がそこに現れることになった以前からの惑星が、まさしくネイルが書いている歴史の主体である。「地球は自らを人間の身体（および他の諸々の身体）を通じて知るのだが、その理由は、論理的あるいは存在論的な必然性でなく実践的歴史的物質的なことで、かくして地球は、地球自体を、人間たちが存在することよりも何十億年も前から繰り返してきた[26]」。ときにネイルは、その主体を広大無辺な宇宙的規模にまで拡張する。「人間という動物は地球において住むのではない。人間という動物が地球である。厳密にいうと、地球そのものでさえ地球に属するのではない。地球は広大な宇宙的森羅万象の流れの一部で、そこで人間はわずかな試験管のようなもので、宇宙の冷え切った暗がりに向かう最適な運動経路を探し求めている[27]」。

だがネイルは、人間に関して、人間こそが「私たちの惑星と私たちの宇宙が自らを使い果たしていくのを促している」のではないかと問うている。「惑星における私たちの生命の存続は、私たちが惑星と宇宙が自らを使い果たすのをどれほどまでに促していくかということと関係している[28]」。「資本家」「資本主義」「人間中心主義」そして人間としての「私たち」のような歴史上の登場人物は――たとえ散発的にではあっても――ネイルのページのそこかしこに存在している。「資本主義と人間中心主義が惑星を破壊しているが、もしも私たちが生き延びたいのであれば、私たちがそれらの破壊を阻止するべきである」[29]。だが、たとえ私たちが究極的なところで宇宙的な歴史と人間の歴史の二つの歴史の不可分性を認めるのであるにせよ、もしも私たちが、人間とその諸制度に、惑星の宇宙的な歴史との接点で何らかの自律性を概念的なところで認めるのでなければ——、どうやって「私たち」や「資本主義」が概念的な範疇として存在することになるというのか。

　この自律性は、人間の歴史における「私たち」——すなわち、集合的な主体性——の問題を私たちが解決したということを意味しない。実のところ、「私たち」の問題は、私たちの最近の惑星的な危機のうちでももっとも重要な局面である。惑星あるいは地球システムは、偶然にも一つなのだが、これに応答するための一つの「私たち」なるものは存在しない。もしも人間の歴史の形跡がなんであれ過ぎ去っていくものなのだとしたら、一つの「私たち」としての人間など存在したことはなかった。このことゆえに、『ヨーロッパを周縁化する』の問題のうちのいくつかは、人間がグローバルと惑星的なものの尖点に位置しているのを見出すとき、今日においてもいまだに妥当なものとなる[30]。

　この本に収録された三つの論考はすべて、「グローバル」と「惑星的なもの」のあいだの不揃いで嚙み合うことのない接触面から最近になって生じた諸問題に主眼を定める。

最初の論考は、近年のパンデミックを考えていくが、私たちが今日直面している惑星規模の環境問題から切り離すことのできない出来事として論じる。私はパンデミックを、人間の歴史の時間――すなわち、アジア、アフリカ、ラテンアメリカの各国が産業化と消費に向けての競争に参加する「大加速」(great acceleration)の時代――がバクテリアとウィルスの進化といういっそうダーウィン的ともいえる歴史の時間と絡まり合っていくことを表すものと考えている。

第二の論考は、人間をちょうど隕石や広大なハイパー・オブジェクトのようにして惑星に影響を及ぼす極めて大きな地質学的力として概念化することが近代に関するポストコロニアルな歴史叙述に突きつけてくる問題のいくつかを考える。ポストコロニアルな歴史叙述は、一九六〇年代以降、主に抑圧や貧困から人間が自由になっていくことに関する様々な解放の哲学に照準を定めてきた。この論考とそれに続く論考のいずれでも、私は「自由としての開発」(アマルティア・センの有名な表現を使っていうなら)に関するポストコロニアルな見解の系譜と、なおも続くその政治的重要性を強調する。

第三の、結論部となる論考では、私がすでに「一と多」の問題として論じたことの核心部分に迫っていくが、それが気候変動を、取り組むことの難しい問題にしている。繰り返すとこうなる。ESSは一つの地球「システム」を設定する。科学者たちはその言葉を単数形で用いている。だが、これに対応する単一の「人間なるもの」は存在しない。すなわち、温暖化へと応答するか、もしくはそれと戦うときに一つのものとして行動できるようになる単一の「人間」なるものは存在しない。この食い違いが、どうなっているのかよくわからない時間を生じさせるのだが、フランソワ・アルトーグやラトゥールといった人たちが論じているのもまさにこの時間である。[31] だが、「気候の危機が存在する」というIPCCの主張には、時間の次元があるというのははっきりしている。[32] 緊急の行動が必要とされるとき、危機は時間の感覚を伴う。だがここで問題となっているのは惑星的な時間であって、つまり、大気から過度な炭素を取り除くのに必要とされる時間なのだが、それはその大気と海を備えた惑星が一つであるという想定にもとづいている。だが、地球科学者のいう惑星の唯一性は、ヨーロッパの思想と、ポストコロニアルおよび脱植民地主義の批評家の内部で徹底的な論争の的になっている。知識を「脱植民地化しようと」している多くの学者はたとえば、これらの「近代的な」思想と先住民の思想のあいだに存在している融和できない差異を指摘する。だが、この本の最後の章は、いっそうグローバル化する世界では、そうでなければ別々であった知の諸々の伝統がつねにすでにお互いに絡まり合っているると主張する。惑星の危機へのいかなる人間の感覚であっても、それはこれらの衝突しながら絡まり合っている多数のものの歴史と渡り合わなくてはならない。

人間の差異は、結局は存在論的なものである。それはただ生きているという事実であるのにすぎない。私たちはお互いに違うものとして生まれてきたが、この事実に、ハンナ・アーレントは希望のための土台を見出したのだった。アリストテレスは、『ニコマコス倫理学』で正義と平等と均等性について論じていたとき、交換の問題に照準を定めた。交換は、必ずや「異なっていて等しくない」人々から常に成り立つ共同体を形成するという問題の中心にあった。なぜなら「交換に携わるのは二人の医師ではなく医師と農民であり、あるいは一般的に言うと、異なっていて均等ではない人々だからである。だがこれらは均等化されねばならず、いくぶんかは共役可能にされねばならない」[33]。したがって根底には、ただ差異だけがある。政治の任務はこれらの差異を超えた連帯を見出すことであり、それらを止揚し、分節し、あるいはしばらく棚上げしておくことでもある。だが、「しばらく」というときそれはどれくらい長くて、連帯が到来するのにはどれだけの時間がかかるというのか？　政治は、デリダが述べているように、常に来たるべき共同性の感覚によって形成される。この政治の本質的な特質は、今では、もしも誰かが「気候の危機」と宣言するなら政治的な問題としてそれ自体で現れることになるだろう。何らかの強力な国家が差異をめぐる困難な政治を素通りし気候工学に乗り出すべきであるというのか。それとも、人間たちは、ＩＰＣＣが勧告する惑星的な行動の日程表を無視してでも、自分たちの差異に辛抱強く付き合っていくべきであるというのか。それとも、自分たちが他の諸々の生命体と絡まり合っていることを見出した人間たちは、（ハラウェイが述べているように）「ややこしさ」かもしくは「現在」において受動的でなく能動的にとどまり（私自身、ハラウェイのテキストの価値を大いに認めているのだが）、共通のものの再構成に向けて行動すべきなのか[34]。だが、生命体のマジョリティを構成する微生物と、優勢な立場にあるマイノリティである人間のあいだの共通のものとは、いったいどのようなものだろうか。

これらの問いは私たちの時代の巨大で喫緊の政治的な問いであるのにもかかわらず、私には、大々的な解決策がない。だが私は、ここに集められた三つの研究をつうじて、政治は実際は、今のところはただ人間に、狭くそして周縁的に関わるものであり続けると主張する。人間が他の生命体と絡まり合っているという事実は、私たちに集団的および個人的なところで影響を及ぼしている現在のパンデミックに関する物語においてだけでなく、惑星的なレベル――たとえば地球システムの歴史――においても明瞭である。だがこれらの絡まり合いは、リアルなものでありながらそれ自体では政治的な主体を構成しないのだが、それでいて、人間には、（人間の制度の内部において）動物や植物、さらには山や川のような無生物のための弁護者になることができる。私たちが、人間に起因する気候変動と呼ぶ出来事や問題の雪崩を前にするとき、人間も人間ならざるものも行動することになるだろう。たとえば木、動物、鳥、魚、その他の生き物や微生物がすべて、自分たちが繁栄するのにもっとふさわしい場所や地域へと移動しようとするだろう。だが、「何をなすべきか」という未来志向の問いは、いまだに人間だけのものである。「グローブ」と「惑星」のあいだの分析的な区別を把握することで、私たちは、このどうなっているのかよくわからない歴史的経験のための手がかりを得ることができるだろう。

もしも今日私に「気候と関係している著作において私が何を周縁化しているのか」と問う人がいたら、私はおそらく、私は人間を周縁化しているのであって、しかも、人間という存在者に関わる人文学的な歴史学者としてそうしていると答えるだろう。(35)

第一章　パンデミックと私たちの時間感覚

パンデミックと気候の危機は連関している現象である。それらはいずれも人新世の時間を語っているということができるだろう。急速に進んだグローバルな経済成長の物語――（帝国主義的、自由主義的、新自由主義的というように）ありとあらゆる多様さにおいてある資本主義の歴史――は、その両方の危機に関する議論を支える語りにおいて共通のものである。それらはいずれもグローバルな歴史のなかにある大加速の時代と呼ばれるものから発生しているが、それはすなわち、とりわけ一九五〇年代に始まった、二〇世紀と二一世紀にかけての人間の領域の拡張――あるいは爆発といったほうがいいかもしれない――のことである。地球に対する採掘の規模が増大していくのにともなって、この拡張は、地球の生命圏の産物のさらに多くを要求したが、それは直接に生命を維持するこの惑星の一部に由来している。ブルーノ・ラトゥールたちは、ティモシー・レントンのような科学者の議論に従って、これを地球の「クリティカル・ゾーン」と呼ぶようになった[1]。この拡張にとって決定的だったのは、今や私たち皆が知っているように、安価で豊富なエネルギーだった。それらはまずは石炭から採掘され、のちに石油と天然ガスから採掘されたのであるが、それでもそれらのすべては、さまざまな種類の化石燃料であった。人間とその諸制度が消費した全ての化石燃料の八七パーセント以上が、第二次世界大戦以後の工業化された経済の復興から現在に至るまでの時代のものであった。このことゆえに大加速は、歴史学者と地球システム科学者によって、一九五〇年代からのことと推定されている[2]。

二〇世紀は、人間の歴史上、「尋常でない変化の時代」になった。「人間の人口は一五億から六〇億にまで増大し（おおよそ四倍）、世界の経済は一五倍に増大し、エネルギーの使用量は一三から一四倍になり、淡水の使用は九倍に増大し、灌漑された地域は五倍に増大した[3]」。より顕著な数字をそこに加えるなら、世界の都市人口は同じ世紀に一二倍になり、工業生産高は三五倍になり、エネルギーの使用量は一二倍になり、石油の生産高は三〇〇倍になり、漁獲量は六五倍になり、有機化学製品の生産高は一〇〇〇倍になり、車の所有者数は信じがたいことにも七七五〇倍になり、大気中の二酸化炭素は三〇パーセント上昇した。[4] ウィル・ステッフェンたちが作成した、大加速についてのよく知られたグラフが示すのは、これらの数字のほとんどにおいて、成長は一九五〇年あたりに幾何級数的になり、一九八〇年代にはいっそう急激に上昇するということだが、それは中国とインドがその経済を解放し、いっそうの努力を払って産業化と近代的な消費への競争に参加したときのことだった。[5]

さらに、ドイツ人学者のハンネス・ベルクタラーは、二〇一七年のブルックリン研究所の調査を用いて、人間がおこなう資源の消費の増加を示す印象的な統計を提示している。ベルクタラーは次のように報告する。「(グローバルな)中産階級が一〇億に達したのはおおよそ一九八五年で、産業革命がヨーロッパで始まった一五〇年後のことだったのだが」、「二〇〇六年までには中産階級の数に次なる一〇億が加わることになる。つまり、それには二一年しかかからなかった」。そしてこの大半は、中国のすさまじい成長を反映している。ベルクタラーは続けて述べる。九年で、グローバルな中産階級にさらなる一〇億が加わった。今日においては、七年でさらなる一〇億が加わるペースで、そして次なる一〇億が加わるのは六年後で、つまりは二〇二八年までにはそうなる。[6] この時期に人間が地球における最大の地質改変的な行為者として現れ、その地形と海洋の大陸棚を形作るようになり、そして、地質学的な力として現れ、惑星全体の気候システムを変え、何人かの科学者たちが示唆するように、人新世という新しい地質学的年代に突入していったということには疑問の余地がない[7]。

アジアと人新世に関するその論考でベルクタラーは次のように書いている。「「大加速」のカーブが依然として激しく上向きであること（人口のカーブはあきらかに例外であるにしても）の主な理由は、世界のいたるところで、中産階級の消費パターンが広がっていることにある。ただし私たちが、中産階級を、（冷蔵庫や洗濯機やオートバイのような）消費財を購入し、娯楽と時折の休暇にお金を支払うのに十分な収入がある人々という意味で理解するかぎりにおいてではあるが」。彼はこう付言する。「二〇〇〇年頃までは、この「グローバルな中産階級」のおおよそ八〇パーセントがヨーロッパと北アメリカに住んでいたが」、二〇一五年までには「その比率は、主にアジアでの中産階級の急速な拡張のせいで、およそ三五パーセントにまで下落した」。ベルクタラーは、二〇三〇年までには「アジアの中産階級は、古い「西洋」の中産階級よりも少なくとも三倍以上になることが予想され、世界の全中産階級の三分の二になるだろう」と報告する[8]。

かくして人新世は、歴史的時間の特殊な感覚を生じさせることになるのだが、それは

「時間政治」とでも呼ぶことのできるようなもののことである。この言葉に関しては、私は三人の若い学者（トビアス・ベッカー、クリスティーナ・ブラウナー、フェルナンド・エスポジト）の恩恵をこうむっている。彼らは二〇二一年九月一六日から一八日にかけてこのタイトルのオンライン研究会を組織し、この言葉を、「政治の時間、時間の政治、政治化された時間」を意味するものとして解釈した。(9) だが私は、この言葉で、そのようなこととはわずかに異なることを意味している。というのも、私たちが人新世の名の下に寄せ集めていく惑星的な環境危機が、人間および人間ならざるものの両方において、異なった時間と空間の規模で、多様に発生するからだ。私には、人新世は、人間の諸々の未来をこれまでにないやりかたで分裂させていくように思われる。人新世の物語をたとえば、ネオリベラルな資本主義の危機の物語として語ることもできるだろうし、産業と消費によって導かれていく人間の生活様式の危機の物語として語ることもできるだろうし、種の第六次大量絶滅へと帰結する生物多様性の危機の物語として語ることもできるだろうし、あるいは、人間が次の氷河期を数千年のあいだ遅らせることをめぐる物語として語ることもできるだろう。これらの未来のすべてが、時間と空間の同一の規模で起こるのではない。人新世そのものは、地質学的な時期であって、人間よりもはるかに長く続くことになるだろう。それがはたして人間の歴史の時代を区分するための方法としてそもそも使えるのかどうかといった問いを投げかけるほどにまで長く続くことになる。だが、人新世はまた、人間にとってきわめて短期的な未来をもたらす。それは短期的である。すなわち、未来を「現在」として考えることができることほどにまで、それは短期的である。パンデミックの時間感覚には、歴史的な現在と歴史的な未来に関する、特別で絡み合ったものという形象が保持されている。パンデミック以後の未来についての物語の多くは、その本質において懐古的で、パンデミックの時代以前の、気安さと安楽に戻りたいという欲望を表現している。だが、「ワクチンへの平等なアクセス」をめぐる政治とその要求は、この未来の時間を、私たちが十全かつ平等に住みつくことを欲するような現在に転じていく。[10] 私がこの章で探究するのは、パンデミックを現在の時間として描き出すことであるが、それはすなわち、未来を想像の難しいものにしていくことを意味している。[11]

パンデミックと人間の歴史の大加速

今では、多くの感染症の専門家により、私たちはパンデミックの時代に生きていると言われるようになっている。農業の発明と動物の家畜化以来、パンデミックとエピデミックは人間につきものであった。狩猟採集のコミュニティも何らかの感染症に罹患したが、何人かのウイルス学者が述べているように、「我々と同系統の霊長類のまばらな個体群と同じく、狩猟採集のコミュニティが罹患した感染症には、小規模の個体群で存続するのを可能にするという特質が備わっていた。つまり、群れている状態に特有のエピデミック的な病気とは異なっていた」。そして彼らは続けて次のように述べる。すなわち、動物の家畜化をともなう農業は、「動物由来の病原体を人間の病原体に進化させていくうえでの多様な役割」を果たした[12]。人間たちは、これらの動物由来の病気の均衡状態に達するのに、数千年の歳月を要した。だが、今日においては、それは次の点で異なっている。すなわち、感染症の専門家であるデヴィッド・モレンスとその共著者は最近の論文（2020）で、過去のこれらの危機は、「数世紀あるいは少なくとも何十年ものあいだを隔てて起きたのだが、今ではこれらの病気の発生はもっと頻繁な現象になっている」と述べている[13]。

モレンスとその共著者は、二〇〇三年から一七年にわたって起きた病気の突発的な発生に関して、世界に影響を及ぼしたパンデミックか潜在的なパンデミックの発生数は少なくとも五回であると述べている。重症急性呼吸器症候群（SARS、二〇〇三年）、「パンデミック寸前であった」インフルエンザ（H1N1pdm、二〇〇九年）、チクングニア熱のパンデミック

（二〇一四年）、ジカウイルスのパンデミック（二〇一五年）、二〇一四年から二〇一五年にかけて「五つのアフリカの国家を席巻したエボラ熱のパンデミックのような拡大[14]」である。彼らは、「「パンデミック」という言葉の意味は最近になって様々に異なるアジェンダに従い再解釈されてきた」ことを認めるのだが、その主張を、私たちの時代の危機を要約する言葉で締めくくる。「私たちがパンデミックの時代に生きているのは明らかだが、それは新しい新興感染症の時代において生きているということで、つまり、古くからの伝染性の敵が戻ってきたということである[15]」。モレンスとアンソニー・ファウチの最近の論文は、同様の結論に到達している。

新興（そして再び発生している）感染症は、一万二〇〇〇年前の新石器革命（そのとき狩猟採集をおこなっている人間たちは村に定住し動物を家畜化し野菜を栽培するようになった）以来、人間たちを脅かしてきた。遥か昔に発生した、致死的な影響をもたらす動物由来感染症には、天然痘や熱帯性マラリア原虫、麻疹、腺ペストおよび肺ペストが含まれる。だが、この一〇年で、ありえないくらいのパンデミックの爆発を目にすることになった。H1N1の「新型」インフルエンザ（二〇〇九年）、チクングニア熱（二〇一四年）、ジカウイルス（二〇一五年）、さらにアフリカの大部分を席巻したエボラ熱のパンデミックのような発生（二〇一四年から現在まで）、というように。この最近の経験から、私たちはパンデミックの時代に入ったと結論することができる。[16]

ここで列挙されているパンデミックのすべてと、二〇一二年にヒトコブラクダから人間にうつった中東呼吸器症候群（ＭＥＲＳ）は、そもそもが動物由来の感染症である。それらは、野生動物から人間へと、ときに他の動物を介してその宿主を移すウイルスとバクテリアに由来した感染症である。二〇〇五年の研究は、「動物由来の病原体は、人間の病原体で認識されている一四〇七種の五八パーセントを占めている」のを発見した。[17] 二〇一一年二月二四日から二七日にメキシコのカンクンで開催された、新興の動物由来の感染症についての第六回目の国際会議には、一八の国々から八四人の人たちが参加したが、それに関する二〇一二年の報告書は、「新興の動物由来の感染症の七五パーセントが野生動物に由来する」と論じた。それはさらに、野生動物のグローバルな貿易と動物の生息域の絶え間ない破壊がその問題を酷くしていることを確証している。[18]

「人間が、パンデミックの根本的な要因である」と、モレンスとその共著者は主張し、その要因が「森林伐採であり、農業の集約化であり、都市化であり、エコシステムの崩壊であり」、それらが人々を野生動物とその潜在的な動物由来の病原体に接触させると指摘する。[19]サイエンスライターのデビッド・クアメンは次のように述べている。「問題をとても簡潔にいうと、次のようになる。人間が引き起こしたエコロジカルな窮迫と破綻は、動物の病原体を、人間の個体群へといっそう接触させることになるのだが、他方で人間のテクノロジーと行動が、これらの病原体を、より広範に、そして急速に拡散していく」[20]。彼はここにおいて作用する決定的な要因に言及する。

人間は、とてつもない頻度で、自然のエコシステムの解体を引き起こしている。伐採し、道路を建設し、焼畑農業をして、野生動物を捕獲して食べ、家畜のための牧場を創出するための森林伐採をおこない、鉱物を採掘し、都市を建設し、都市郊外のスプロールを引き起こし、汚染し、海洋への栄養塩汚染をもたらし、海洋の魚介類を持続可能でないあり方で乱獲し、気候変動を起こし、他にも自然の景観に「文明化」と称して侵入するといったことにより、エコシステムを引き裂いている。[21]

国連環境計画（UNEP）の『次のパンデミックを阻止する——動物由来の病気とその伝播の連鎖をいかにして断つか』と、世界自然保護基金が出版した『自然の喪失とパンデミックの発生』は、これらの結論を支持している。[22]それらは「動物由来の病気を発生させた主な人為的要因」を識別する。（1）まずは、動物性たんぱく質への需要の上昇。それはとりわけアジアとサブサハラ・アフリカで上昇している。（2）持続可能でない農業の集約化。それはとりわけ国内需要のための農業だが、「遺伝的に類似した動物の大規模増加に帰着し」、そこで動物がさらに感染しやすくなっていく（ある意味で、新型インフルエンザがこの実例である）。（3）野生動物の消費と利己的な利用の増大。（4）都市化、土地利用の変更、採掘産業により加速されていく天然資源の持続可能でない利用。そこには鉱山業、石油とガスの採掘、伐採が含まれていて、「人々と野生動物のあいだでの、新しいか、あるいは拡大された相互作用」を促していく。（5）人間の旅行と貿易の量の増大。（6）食のサプライチェーンの変化。これを引き起こすのは、「動物を材料とする食、野生動物の食のための新しい市場（そこには生鮮市場も含まれる）、十分に規制されない農業集約化への増大する需要」である。（7）気候変動。なぜなら、「多くの動物由来の病気は気候に敏感で、そのいくつかが、未来のシナリオでは、世界でもより温暖で湿気が高くて災害が起こりやすくなると予見されるところにおいて増えることになるからである」[23]。世界自然保護基金の報告書での結論もほとんど同じである。

人間活動は、私たちの惑星に、大々的な変化を生じさせている。人間の人口の増加と消費の急増は、地表、川、海、気候システム、生物学的で地質学的で化学的な循環、エコシステムの作動の仕方に大きな変化を引き起こしている。それが私たち自身の健康と幸福感にもたらす意味合いは重大である。……（中略）……森林伐採と自然の生息域の変容を含めた土地利用の変化は、新興の動物由来の病気のほぼ大半を招いた原因である[24]。

一〇年ほど前に、この悲劇的なグローバル・パンデミックを経験しなかったのは、今となっては人間が運がよかったというだけの問題でしかなかったように思われてくる。香港の科学者チームは、二〇二〇年の一三年ほど前である二〇〇七年、科学者コミュニティに次のような警告を発した。コロナウイルスは、「遺伝子の組み換えを行うということでよく知られていて」、しかもこれが「新しい遺伝型とアウトブレイク」に発展することもあるので、「キクガシラコウモリにSARS–Co–Vのようなウイルスが大規模に保有されている状態が、中国南部で珍奇な動物を食べる文化と一緒になっている状況は、一種の時限爆弾である。ＳＡＲＳや他の新しいウイルスが動物や研究所から再び発生する可能性があるのでそれに備えておく必要があるということについては無視すべきでない[25]」。この警告に注意が向けられることはなかった[26]。クアメンは、科学者たちが二〇一二年あたりから「次の巨大な感染爆発」、すなわち、「ものすごく感染力のある状態が、症状が顕著になるのに先立つ」感染爆発としてのパンデミックがいつごろ到来することになるかについて検討していると報告している[27]。なぜなら、クアメンが述べているように、「もしもあなたが巨大な個体群のなかにいて、高密度だが新しいウイルスにさらけ出された状態で生きているとしたら、次の巨大な感染爆発が到来するのは時間の問題であるからだ[28]」。予言的な言葉だが、二〇〇七年にも、二〇一二年にも、誰もそれらに耳を傾けることはなかった。

現在主義としてのパンデミック

パンデミックが生じさせる現在においては、パンデミックをこえて「通常の」未来へと進んでいくという語りのすべてが現状に復することを欲しており、そこでは、かつての私たちへと戻るのを欲するものにしか聞こえない。これはフランソワ・アルトーグがその絶賛された著作『「歴史」の体制』で論じた現在主義ではないのだが、なぜならそこで彼が描き出すのは、すべての未来が戦争で疲弊した現在へと解体するのを経験する戦後のヨーロッパだからである。[29] パンデミックでは、未来はただ郷愁を誘うものとして到来する。パンデミックでは、未来なき現在だけが存在するが、それはまた同時に過去へ後ろ向きに動いていくことでもない。現在は、ただそのような意味での現在であって、過去、現在、未来に関する近代的な議論で普通に読まれることになる、消滅していく現在ではない。それはまた、すべての人間がその人たちにとっての「今」として——認識論的にも情動的にも——完全に住み着くことのできる現在でもある。世界各地でワクチンを正しく配分するよう要求するか、あるいは私たちが世俗的ないしは宗教的な根拠からワクチンに反対するとき、私たちはこの現在に住み着いている。私たちは、このパンデミックがどれほど長く続くことになるかを問うために、一九一八年という過去のパンデミックを振り返る。こうやって予期される持続期間——前は四年だったからあと数年だろう——がこの現在を規定する。

医療における抗生物質の開発以降の後期近代と都市生活者の人間に見合った「日常的な正常性」が構築されていくというのは、ピエール・シャルボニエが論じたように、「産業化と帝国主義のおかげでできた産物」であるが、パンデミックは、そこにおける根本的な転換でもあった。[30] 生命と惑星に関する、深層的な、地質学的で生物学的な歴史——私たちの身体の内側と外側の両方に存在する微生物の海の歴史——を認識しつつも同時に忘却するというのは、私たちの日常的なやりとりにある交話的なところにしばしば包含されてきた。[31] 天気の話題に触れながら互いに挨拶を交わすとき、私たちはいつものごとく、太陽、雲、風、木々、植物、光と影、つまりは惑星的なものの働きを認めてきた。それも、ちょっとした瞬間の、個人的で集合的な人間の目的を達成するという重要な事柄に向けられた実践と密接につながっている、ローマン・ヤコブソンが「情報伝達的なコミュニケーション」と呼ぶものへと移行する前のことである。かくして惑星は、日常生活のいっそう重要な事柄から切り離されたところで私たちが考え、交話的で、私たちが会話を始めるのに用いる儀礼的な挨拶に含まれているものとして捉えられてきた。[32] 私は「後期近代と都市型の」人間と言うが、それは農村的であるか先住民的な状況にいる者には日照不足や雨の不足がいっそう直接的で手に取ることのできる影響を及ぼすことになる、ということである。[33] 後期近代的で都市型の、抗生物質の発明以後の人間における交話的な発話は、惑星における生命を支えるすべてのものの深層的な歴史の働きに関してその人たちが「正常のこのであるかを示してきた。

したがって、私たちにとって「正常な」瞬間とは、たとえ私たちが微生物の存在を知識において否定する立場にいないときであっても、それらが果たしている、生命を支える働きのことを忘れるか無視することを促す瞬間のことである。私にこのような洞察ができるのは、歴史学者のアーヴィン・エランゴヴァンが、二〇二一年に出版された私の著書である『惑星時代における歴史の気候』を読んで親切にも私と共有してくれた素晴らしい報告のおかげである。[34] 彼の経験では、二〇世紀のインド人が書く手紙で、その書き手か受取人の身体の病気について報告するのは、たとえそれが手紙の主要な話題ではないとしてもきわめて当たり前のことであったと述べている（エランゴヴァンはインドの憲法についての歴史研究者である）。[35] 彼は次のように書いている。「アンベードカルの文書や、B・N・ラウやシヴァ・ラオといった人たちが書いた手紙のような、国民主義のリーダーに関して私が読んだ文書の多くでは、手紙のいくつもの箇所で、その受取人がどれほどの病気で、そこからどれほど回復したかといった具合の、健康についての問い合わせがおこなわれていた」。彼はこう続けている。「実際、タミールでは、私や私の親類に宛てたこれらの（古き良き！）

内陸での手紙で書かれていたのは、「こちらは元気ですよ。あなたも同じだという知らせを聞きたいです」といったことだった」。

エランゴヴァンは書いている。「これらのことは私には、微少なところにあるものの存在を認めていることのように思われるのだが、それはすなわち、微生物、バクテリア、そして（あるいは）ウィルス（だがもちろん、大抵は、それと同様のことを意識して認めないでいるということなのだが）の存在を認める、ということである。だがそれは、ただそれだけのことである。この丁寧な問いかけのあとにはすぐ手紙の本題が続いた。それはあたかも、すべての手紙が、私たちにある生物種としての側面を説明することで始まるのだが、それがすぐさま追いやられ、私たちの生活にある人間としての側面に移っていくとでもいうかのようだ！　それはもちろん、その人の病状が深刻でない場合にかぎってのことではあるが。そうであるならば、その問いはすぐさま制度に関する用語へと翻訳され、「医師は何を言ったか」や「病院はなんと言っているか」という問いへと翻訳されることになる」(36)。

ここで私たちは、交話的な発話が（恐るべき静寂を克服しようとする）人間のあいだでの「コミュニオン」かもしくはただのコミュニケーションの問題であるかをめぐる議論――まずは偉大なる人類学者のマリノフスキーによって一九二〇年代に論じられた――には立ち入らない。[37]私たちはただ、パンデミックは、私たちがその真っ只中で生きている微生物への認識がもはや交話的なものの内には収まらず、日常的な生活を送っているうち忘れてしまう時間を意味していると銘記しておく。「お元気ですか?」という問いは、今日の、二〇二〇年から二一年における現在的な状況では、ただ会話を始めるきっかけとしての言明にはなり得ない。私たちはしばしばこのことを、私たちのコミュニケーションにある交話的な側面に私たちの時代の奇妙さを普通に表示させていくことによってほのめかす。この頃私が受信する新しいEメールのほとんど全てが私たちが通過している「奇妙で」「当惑させる」時代への気がかりを表明することで始まっている。事実、今日では、この気がかりなことを表現せずに新規のEメールのメッセージを始めるのは失礼なこととして考えられることになるだろう。

攻撃してくるウイルスを交話的なものの構造へと封じ込めるのがもはやできないという事実には、一九七〇年代にミシェル・フーコーによって提唱された生政治の歴史と理論との関係でいうと、どことなくアイロニカルなものがある。ある特別な日について考えてみられたい。それは、一九七八年二月八日のことである。フーコーはすでにコレージュ・ド・フランスでの連続講義を行っていて、生政治の思想と国家の統治性についての思想を綿密に展開していた。この日が来るまでは、表向きはすべてうまく進展していたのである。すなわち、そこでフーコーは、私が想像するに説教壇のような講義のための台を前にして立って講義の第五回目を始めたのである。彼はインフルエンザに罹っているように感じた。彼は謝罪で講義を始めた。「私は謝らなくてはならない。なぜなら今日はいつもよりクラクラしているからだ。インフルエンザにかかっていて、気分がすぐれない」。だが彼は、最初に聴衆を集めそれから「終了の時刻に」立ち去るように述べそれをしっかり守るよう断りながら、講義を進めていくことを望んだのである。そうして彼は「[自分に]できるかぎりで」話すことを決意し、事前に彼が話さなくてはならないことの「質と量」が保証できないことへの許しを乞うたのである。[38]

ここで、フーコーの諸々の範疇に今日何が起きているかを考えてみよう。生政治は、人口の生政治的な生の安全を守ることについてのもので、つまり、「政治とは本当のところ生命を少しでも長く続かせることに関わるものだ」というモンテスキューの先見の明を拡張したものである。[39] フーコーは、「人口」という範疇が「自然」への問いを政治のなかに導入したということに関してはっきりしていた。彼はその一九七八年の講義を、コレージュ・ド・フランスで一月一一日に始めたとき、次のように述べた。

今年の私は、私がなんとなく生政治と呼んでいるものについての研究で、講義を始めることにしたい。これで私が意味しているのは、私にはとても重要に思われるいくつかの現象で、つまり、そこで人間という種の基本的な生物学的特質が、政治の戦略、つまりは権力の一般的な戦略の対象になる一連のメカニズムのことである。言い換えると、一八世紀に始まる近代の西洋社会は、人間存在が種であるという根本的な生物学的事実を組上に載せた、ということである。[40]

今日フーコーを読んでいると、私はその「種」という言葉の用法がどことなく間違っていることに気づくのだが、というのも、彼は生物学的な種そのものを構成する人間を論じていなかったからである。さらにいうと、彼は自然選択のようなものがそこで決定要因となる種の進化の歴史に関するダーウィン的な仮説を書いたのでもない。[41]こういった深層的な自然史の力学は、フーコーの興味の埒外にあった。彼は、何らかの進化した必要性や能力を備えた個々の人間について考えていた。すなわちそれは、食べることが必要だとか、生命を維持し、生殖し、年をとり、病気になるといった傾向をそれぞれに備えた個々の人間のことだが、それは自分たちが生物学的な種の一員であるという事実のおかげであるということについて、フーコーは考えていた。だが、フーコーの権力についての考察のなかに、人間という種の、深層的な自然的生物学的歴史が入ってきたとしても、それは「人口」の健康と生命を統治し人口統計を維持管理するための戦略を、政治的なものとして発展させることに関する彼の観察をつうじてであった。

都市の増大と過剰人口の問題が「さらなる病気」と「さらなる死」へと行き着くというのがフーコーの論述の核心にあった。彼は次のように書いている。「私には、都市が提起するこのテクノロジー的な問題により、人為的な環境の内部における人間という種の「自然さ」の問題が突如現れるのを目にすることになるように思われる。権力関係の人為性の内部にこうやって突如自然なものが現れるのは、私たちが生政治、つまりは生‐権力と呼ぶものにとって、根本的なことのように私には思われる(42)」。生命を統治することへの関心が意味したのは、穀物の不作、気候、流行性の病気や疫病、飢餓、死亡率の管理のために穀類を供給するといったことへの対処の戦略を国家が発展させねばならないということで、このすべてが、人口を、フーコーが考えるところの「自然さ」を決して失うことのない範疇にする。それは、国家の政治的計略に関するフーコーの理解において、自律的で「自然な」、事物のような状態を得ることになるのだろうが、フーコーの議論では、政治的な主権性の問題を超えたところにまで及ぶ言説的な制度的体制によって管理されねばならないものになってしまう[43]。

だがフーコーは、自然的なものが「人口」という範疇をつうじて政治的なものへと入ってきた一方で、生政治に関するその説明が自然史の一部をなすのではないということについてはかなりはっきりしていた。彼は（今日の視点からみると誤ったかたちで）次のように論じた。すなわち、結局のところ自然に関する人間の理論は自然には影響しなかった、と。「ある時点で私たちは地球が惑星であることを知ったという事実が宇宙における地球の位置に何ら影響を及ぼさなかったというのはいうまでもない[44]」。だが、国家の「反射鏡」としての「人口」に関してはそうではない[45]。この鏡は、人間の制度実践とその対象である人口に影響を及ぼす。その意味で、「人口」は「森」のような範疇で、人間によって管理運営されるもののことである。「森」と同じく、「人口」は、権力の戦略をつうじて屈折された自然の一部分である。それは進化の深層的な歴史には属していない。したがって、フーコーの考えでは、自然史は結局のところは人間の歴史から切り離されている。エランゴヴァンの母がその手紙で述べたことと同じく、フーコーを五回目の講義において悩ませたウイルスは、それが存在していることを示したのにもかかわらず、フーコーの文章の交話的な導入部では認められることのなかったものの痕跡として私たちのところに到来するだけである。

だが、私たちがパンデミックで経験するのは、交話的なものによってではもはや新しいコロナウイルスやSARS-CoV-2を包含できないという事実である。私が述べてきたように、現在において私たちには、誰であれその人たちがどれほどまでにウイルスに完全に無関心かを問いかけることなどできない。生権力あるいは生政治の強化とは、いっそう数を増す人間たちが、惑星の生命圏を、自分たちの快楽と利潤のためにのみ使うべく、勝手気ままに、加速度的に、採掘的に活用していくことといえるが、これが今や、人間の生活の統治における危機に、つまりは生権力そのものの危機に帰結していく。いっそう重要なことに、それは私たちの生と微生物の深層的で進化的な歴史のあいだに存在している連関あるいは絡まり合いを白日のもとにさらした。

かくしてパンデミックは、私たちのグローバルな歴史における出来事であるというだけのことではない。それはただ人間の繁栄という大加速の事例であるというだけのことではない。それはまた、人間にはしばしば悲劇的である劇的事件の展開という形態において、私たちのいっそうグローバルになっていく存在が、私たちに、その生の深層的な歴史的（あるいは惑星的）な側面を示す出来事でもある。新しいコロナウイルスは進化している。ウイルスのデルタ株やその他の変異株について私たちが知るのは、その生物学的な進化についてのことである。ウイルスの進化の道行に対して私たちがその旅路を破綻させるべく投じるすべてが、潜在的には、ウイルスを進化へと導くよすがとなりうる。リン・マーギュリスとドリオン・セーガンが数十年前に読者に注意を促したのは次のことだった。

私たちの種は支配者ではなくて協力者である。私たちは、私たちを養ってくれる光合成する有機体や酸素を供給してくれる（微生物の）気体の生産者、そして酸素を除去し私たちの廃棄物をもとへと戻す有機栄養生物のバクテリアや菌類と、言葉にはしないがそれでも議論の余地のない協力的な関係を結んでいる。いかなる政治的な意志であれテクノロジーの発展であれ、それがこの協力関係を壊すということはありえない[46]。

感染症の研究者は、深層的でありながらつねに現前している人間の歴史のこの側面に、つねに意識を向けていた。モレンスとグレゴリー・フォーカーとファウチは、新しく現れた感染症と再び現れた感染症が突きつけるものを検証した二〇〇四年の論文を、一九七五年から一九八四年までアメリカ国立アレルギー・感染症研究所の所長をつとめたリチャード・クラウセが『いつまでも続く潮流』（一九八一年）で提起した警告を想起することで始めている。それはすなわち、「微生物の多様性と進化の勢いは、なおも人間を脅かすダイナミックな力である」[47]、という警告である。著者たちはその論文を、微生物の進化が感染症の歴史において果たした役割に言及して終えた。「病気の発生の根本にあるのは、急速に進化し適応していく病原体と、ゆっくりと進化するその宿主のあいだでの、進化をめぐる争いである」。さらにこう付言した。「病原体との戦いは、加速する環境および人間行動の変化という条件のもとで行われるが、そのような条件がもたらすのは、進化する微生物にはすぐにでも適応可能な新しいエコロジカルニッチである」。これは進行中の、終わりなき戦いである。そこで人間たちは常に自らのテクノロジーを改善しアップグレードすることを強いられるのだが、それと同時に微生物は、しばしば人間自身によって作り出された何らかの状況で進化し宿主を変えていこうとすることになる。その論考の結論部分でモレンスとファウチは次のように述べる。

病原性のミクロな組織体と人間のあいだで続く諍いが提起する難題については、新興感染症と戦う著名な闘士である（ノーベル賞受賞者の）ジョシュア・レダーバーグが次のようにうまく要約した。すなわち、「微生物と人類の未来は、「私たちの機知 対 彼らの遺伝子」とでも名付けることのできそうなサスペンススリラーのうちの一つのエピソードとしておそらく展開するだろう[48]」。

モレンスとファウチは、現時のパンデミックに関する最近の考察で、この主題に立ち戻っている。「微生物と人間のあいだでかつて続いてきた戦いでは、遺伝子のレベルで適応した微生物が、つねに私たちを驚かししばしば不意打ちを食らわせてきた点で、優位にたっている[49]」。微生物と戦うべく私たちが創造したテクノロジーでさえもが一般的には感染と進化への新しい道を開いている。クラウセが述べているように、一九三〇年代に発明された抗生物質が一九六〇年代にもたらしたのは次のような気分であった。

感染症を相手とする戦いでは、掃討作戦を開始するよりほかにはもはやほとんど何も残されていないように思われた。抗生物質とワクチンの二方面作戦に抵抗するのはほんのわずかの頑固で深刻な感染症だけであるかのように思われた。後方の飛地から突発することになる微生物のゲリラ行動を予期するものはいなかった[50]。

そして、抗生物質に抵抗するバクテリアについての物語がある。一九八〇年代の初頭にクラウセは書いている。「たとえば、第二次世界大戦中にペニシリンが導入されたとき何らかの感染症のために処方された四〇倍もの量を今日同じ感染症に処方することが求められる」。彼はうんざりしたようにして問うていた。「もしもバクテリアが、こうやって私たちが払う最大限の努力を逃れるとしたら、未来はどうなるというのか[51]」。

微生物との戦いのための医療の戦略は、微生物の進化の物語として終わることになる。ネイサン・ウルフとその共同研究者たちは次のように書いている。「現在、新しい病原体の発生を促しているのは現代の研究開発であるが、それは潜在的にいっそう多くの人間の犠牲者を危険にさらし、人間のあいだでの病原体の伝播を以前にもまして起こりやすくしていく[52]」。彼らは、いかにして血液製剤の投与がC型肝炎の拡大への道を開くことになり、商用のブッシュミートの交易がレトロウイルスを拡散し、工業的な食糧生産が牛海綿状脳症（BSE）を拡散し、国外旅行がコレラを拡散し、静脈注射薬使用がHIVを拡散し、ワクチンの製造がシミアンウイルス40の感染爆発を引き起こしたかを論じているが、これらの全てかそのほかの似たような発展が、何にもまして「高齢者で、抗生物質を処方されていて、免疫不全の患者という、外的な影響に弱い人たちを存在させていくこと」に帰着すると論じている。[53]

モレンスとファウチは、コロナウイルスがその進化において人間よりもとりわけ優れている点は、「ミクロな有機体の遺伝子的な不安定性であり、そのおかげで、急激な微生物の進化が、絶えることなく変化するエコロジカルなニッチに適応できるようになる」と書く。これはとりわけ、インフルエンザウイルスやフラビウイルス、エンテロウイルス、コロナウイルスのようなRNAウイルスに当てはまるのだが、それらはそもそもポリメラーゼエラー訂正機能が不十分であるか欠落しており（言い換えると、それらが自らを複製するときの校正機能がない）、擬似種か、あるいは何百か何千もの遺伝的変異の群として伝播されていく」。このことゆえに、人間がそれらに戦いを挑んだところで難しい[54]。

これは基本的には進化における戦いである。それにより私たちは、ホモサピエンスと呼ばれる種である人間たちがどれだけテクノロジーを修得しても、この惑星で繰り広げられる生命と進化のダーウィン的な歴史の外側には存在しないということを知ることになる。微生物は、「その伝播が続いていくのを確実にすべく、私たち人間の遺伝子、細胞、そして免疫機構を取り込むことで」生存するのだが、人間の感染症は、まさにこの微生物の生存と関係している。この点を論じるに際して、モレンスとファウチは、リチャード・ドーキンスに言及する。「進化は遺伝子の競争のレベルで起こるのであり、人間という表現型である私たちは、微生物と人間のあいだでの競争における遺伝的な「生存機械」でしかない[55]」。人間の繁栄は、環境の悪化へと帰着する。これにより、様々な系統のコロナウイルスがそれを貯蔵する宿主から様々な哺乳類の種へと移動することによってその宿主を変えていくための機会が創出されていくが、それにともない、それらは他の哺乳動物の身体内で変異することで人間の細胞に予備的に適応していく。モレンスとファウチは、「ウイルスの進化の遠い由来は細胞の世界にある[56]」と書き、さらに「多くのコウモリのコロナウイルスが、それもおそらくはパンデミックとなって出現すべく待ち構えていることを、状況証拠が示唆している[57]」と追記する。

感染症は、私たちの身体と他の身体をもつ生命体のあいだに深い進化上の結びつきがあること（ワクチンをまずは別の動物で試すことで開発することができるのはそのためである）と関係する。動物由来の病原体は、私たちの感染症のおよそ六〇パーセントの原因であり、「人間と他の動物のあいだを現在においてであるだけでなく繰り返し行き来する。残りの四〇パーセントには天然痘や麻疹やポリオが含まれるのだが、これらは「過去のどこかで人間の祖先へと移動した生命体からやってきた病原体により引き起こされた」。クアメンは、私の引用元である著作『スピルオーバー』で、これらの微生物の移動経路である、人間の身体と他の哺乳動物の身体を点と点でつなぐ関係性について、説得力のあるやりかたで論じている。「すべての私たちの病気が結局は動物由来のものであるというのは言い過ぎであるのかもしれないが、それでも、動物由来の感染症は、私たちと他の種類の宿主のあいだにある、いまいましくて原始的でもある連関を証拠立てている[58]」。

人間と微生物のあいだでの永続的な戦争というクラウセのレトリックは、時代遅れで誤っているように思われる。だが、「人間の支配の及ぶ波打ち際を絶え間なく浸してくる、この病原菌の海の本質とはなんだろうか」という彼の別の問いは、いまだに意味のあることとして鳴り響いている[59]。そこでは「進化の運転席にいるのが何であるかを考えることが問題になる」とモレンスとファウチは言う。すなわち、それは微生物なのか、それとも人間なのか。微生物という生命体はこの惑星で三八億年ものあいだ存続してきた。ホモサピエンスは三〇万年のあいだ存在してきた。モレンスとファウチは言う。「進化の運転席にいるものをいかなるものと考えるかは、新興の感染症の脅威をいかにして考え、いかにして対応するかということと、大いに関係している[60]」。

政治的なものを周縁化する

もはや交話的なものの領域のなかに微生物の世界を認めることもできなければ、同時にそのなかに収めることもできなくなるとき、都市的でグローバルな近代の構成——ラトゥールの言い回しを借りて言うなら——において暗黙の想定とされていることが粉々になる。[61] 私たちに危害を与える微生物が存在するということに過敏になるとき、私たちの日常的な時間感覚は変わる。だが微生物は、惑星に住み着くもののなかでも最も古くて重要な存在で、惑星における生命の維持存続に決定的に重要な役割を果たしてきたが、それは人間がこれまでに果たし、これから果たすことになる役割とは比べものにならない（どちらかといえば、私たちは生命のさらなる大絶滅の見通しを創出してしまった）。「地球における生命の大多数は微生物である」と、ポール・フォーコウスキーはその著作『微生物が地球をつくった』で書き、さらにこう続ける。「本当は、植物と動物を合わせたのよりもはるかに多くの微生物の種が存在している」[62]。ウイルスについての入門書で、ドロシー・クロフォードは書いている。「微生物は、地球でもっとも多い生命体である。グローバルな観点で言うと、5×10の三〇乗のバクテリアが存在し、ウイルスは少なくともその一〇倍以上で、それゆえにウイルスは地球上でもっとも数の多い微生物であるということになる。海は地球の表面の六五パーセントに及んでいて、海水は一リットルあたり一〇〇億のウイルスを含んでいるが、そうなると海洋の全体が4×10の三〇乗ほどのウイルスを含むということになり、時間軸に並べると一〇〇光年もの長さに及ぶということになる」。そのうえ、ウイルスは、「地球上の生命を維持するのに」決定的に重要な役割を果たしている。海洋を浮遊するプランクトンの集合は、ウイルス、微生物、古細菌、真核生物で成り立っている。クロフォードはまた、プランクトンのうちの一グループである植物プランクトン――「太陽エネルギーと二酸化炭素を使って光合成でエネルギーを作り出す」――が世界の酸素のおよそ半分を作り出すと述べ、そのうえで、コロナウイルスやその変異種に感染したとき、私たちはまさにこの酸素を欠いた状態でなんとしてでも生き延びることを強いられる点に注意を促す(63)。

このことは私たちに、私たちが生きるようになっている生政治の危機にある皮肉な性質を垣間見せる。生権力は、フーコーが論じたように、人間の生活の安全性に関するものであった。健康、食、住宅がそこに含まれる。だが、この数十年におよぶ生権力の狂ったような拡張――人間の歴史の大いなる加速――は、このような安全性を揺るがした。抗生物質の物語がこの皮肉な事態をわかりやすく示している。これらの薬品を見境なく過度に使うことが、抗生物質に抵抗力のある微生物の進化を促すことになった。エド・ヨンが、人間の微生物叢《マイクロバイオーム》に関する著作で述べているように、「近代の医学の多くは抗生物質が提供する基盤の上に成り立っているが、今やこの基盤が崩れつつある」(64)。私たちは、パンデミックの時代に突入してしまったのかもしれないが、そこでは、よりいっそう新しいワクチンを用いて適合しなくてはならなくなる。だが私たちが、あたかもウイルスがいまだに交話的なもののなかに包含されているとでもいうかのようにして生権力と主権について論争するのは、国家に備わっているかもしくは国家間にあるパンデミックの危機管理の政治を論じるときだけである。トランプやモディやスコット・モリソンはパンデミックの危機管理に失敗したか。バイデンはトランプよりもうまくそれを管理したか。宗教的な考えにもとづいてワクチンに反対している人たちを寛大に扱うべきだろうか。これらの問いは生権力をめぐる問いである。この観点からいうと、危機は生権力の失敗であり、所得、人種、ジェンダー、性、栄養状態、デジタル化などのさまざまな不平等の問題が妥当な争点であるということになる。また、パンデミックの危機管理をグローバルにやるか国民国家単位でやるかといった争点が提起され、そしてそれとの関連でグローバルな統治の問題そのものが何らかの注目を集めるようなとき、私たちは主権の問題（フーコーが述べたように、それは生権力とはっきり区別されている）を論じることになる。[65]

だがこのパンデミックにより、生命の歴史に由来するいっそう大きな問題が私たちの目前に迫ってきている。ホモサピエンスは、マイナーな生命体である。人間に関しては、サルトルが帝国主義のヨーロッパ人について述べたのと同じようにして語ることができる。すなわち、それは「マイノリティ以上のものでもなければそれ以下のものでもない」と。[66]他方で微生物は、生命体の大多数をなしている。それらはまたこの惑星上の生命の建築家であり、それを維持することにおいて中心的な役割を果たしている。私たちの体内における微生物の存在は、私たちを、私たちが個々にそうなっているところのものにする。微生物と人間は――そして微生物が作用することなくして人間が存在することなどないのだが――、マーギュリスが三つのギリシア語（「全体」を意味する hólos、「生命」を意味する bíos、存在を意味する óntos）を組み合わせて「holobiont」と呼称する、「総体として生きている存在」を一緒になって構成する。[67]

個々の人間とその微生物叢《マイクロバイオーム》を、総体として生きている存在を構成するものとして考えるのは、近代的な政治思想の標準とみなされている伝統の限界について考えることである。なぜならこの思想は、深層的な歴史の作用と、微生物が果たす役割をも含めた惑星の地質学的で生物学的な作用を交話的なものの内に入れ、度外視することによって、人間を政治的主体として規定してきたからである。危機は私たちを、生物学者と感染症の専門家が長らく知っていた事実へとさらす。それはすなわち、私たちはマイナーな生命体だが、にもかかわらず地球があたかも人間だけが繁栄するために創出されたとでもいうようにしてこの数百年のあいだ行動してきた、という事実である。もしもすべての生命体が人間のようであったとしたら――そして私たちがときに動物と鳥が経験する道徳的な諸々の世界へと入っていくのを考えるために人間の想像力を活用するのであれば（ヴィンシアン・デプレの想像力に富む哲学的な著作について考えてもらいたい）――、人間はアパルトヘイト体制における南アフリカの白人のようなもので、つまり、完全に利己的な容赦のなさでマジョリティを支配し皆を最後には危険にさらすレイシストのマイノリティのようなものである[68]。総体としての人間にははたして、自分たちを「マイノリティ」生命体とみなし、アーレントやドゥルーズやカフカが私たちに教え込んだようなものとしての政治的思考のマイナーな形態に向かっていくことができるかどうか、すなわち、皮肉にもマイノリティの場合における「メジャーな」支配の迷夢を回避することを欲するような思考へと向かうことができるかどうか、疑問に思うかもしれない[69]。もしもウイルスと微生物が人間もしくは人間のようなものであるとしたら、それらについての私たちの知識は「植民地の知識」のようなものになるが、それはつまり、それらを支配するという見通しのもとで――さらにそうする過程で――得られる、他者についての知識である。ヨンが人間の微生物叢《マイクロバイオーム》に関して行う、洗練されていて思慮深い議論は、それらを「私たちの利益のためにコントロールする」という、あまりにも人間的な、狭隘で偏狭なほどにまでに人間的な夢想で終わる。

私たちは、微生物がいかに偏在していて生気に満ちているかを理解している……それらは私たちの器官を形づくり、毒物と栄養物から私たちを保護し、私たちの食べたものを分解し……私たちのゲノムをその遺伝子で攻め立てる……私たちは、私たちがどれほどまでにこれらの多数の集合体を私たちの利益のためにコントロールし始めているかを理解しているが、それはつまり、その集まりの全体を一つの個体から別の個体へと移し替え、その共生体をみずからの意志で作っては壊し、新たな種類の微生物を作り出すことさえする、ということである。[70]

ヨンは、これらの言葉を、パンデミックが起こるのに先立って書き記していた。今の

Covid-19のパンデミックの局面が私たちに教えてくれたことが何かあるとしたら、人間であるということが何を意味するかに関するこのようなプロメテウス的な理解は深刻なほどにまで誤っている、ということである。パンデミックはただ資本主義のグローバルな歴史やそれが人間の生活に与える破壊的な影響に関して語っているというだけでなく、この惑星の生物学な生命の歴史において、人間が、何万年ものあいだ中国にいるコウモリを宿主としてきたウイルスを拡散する者として行為することになった瞬間を示している。コウモリは、古くからの種で、およそ五〇〇〇万年ものあいだ存在してきたが、ウイルスはそれよりもっと長く存在してきた。ダーウィンのいう生命の歴史では、すべての生命体がその生存のための機会を増やしていこうとしている。新しいコロナウイルスは、まさに人間の生権力の増大のおかげで、種のあいだを飛び越えてきた。ウイルスは今や、世界全域にそれを拡散するのを可能にするのにふさわしい担い手を人間において見出した。なぜかというと、すぐれて社会的な生き物である人間は今や、人間で溢れかえった惑星に、巨大な都市的集住状態でものすごく巨大な数において存在しているからで、そのほとんどが、自らの生活の機会をもとめて頻繁に動く状態にいるからである。この数十年の私たちの歴史は大加速とグローバルな経済の拡張の歴史であるが、そこではこれが何百万もの人間を貧困から救い出してくれるという解放への希望があった。あるいは少なくともそれは、アジアとアフリカとラテンアメリカにあるいくつかの国での急速な経済成長を道徳的に正当化するものであった。だが、ウイルスの観点から見ると、この成長が引き起こしてきた環境の攪乱と、人間がグローバルに動き回るという事実は、歓迎すべき発展である。パンデミックが、ダーウィンのいう生命の歴史のうちの一つのエピソードであるということに、疑問の余地はない。そして、パンデミックが引き起こす変化は、私たちのグローバルな歴史と生物学的な生命の惑星的な歴史の両方において決定的なものとなるだろう。

かくしてパンデミックは、私たちが深層的な歴史に埋め込まれていることと、動物および微生物的な生命と絡まり合っていることを語っている。ウイルスは後者の二つを媒介している。だが、権力の生政治的な諸形態への私たち人間の関心――人間の政治になじみやすい関心――と微生物叢《マイクロバイオーム》との連関についての知識とのあいだには緊張関係が存在している。というのも、残念なことにこの連関には、同時に人間的であり人間的でないものでもある、人間の外側にあるかもしくは人間を超えたところにある集合的な政治的主体を創出することが（少なくともまだ）できていないからである。だがもしも惑星的な気候変動とパンデミックが、大加速の時代において人間の領域が先例のないほどにまで拡大していくところから発生する問題であるという議論が受け入れられるとしたら、「パンデミックの時代」を緩和するのに人間によって「何ができるか」という問いが私たち人間のものとしておのずと生じることになろう。

ここで、ラトゥールが、多くの場所で多くのやり方で提示している主張を思い起こしてみるのがよいかもしれない。それはすなわち、「ガイアと向き合う」と題された彼の講義での、最近の議論のうちの一つである。[71] 人間が大加速の時期に富と繁栄を求めることは宣戦布告なき戦争に行き着いてしまったというのだが、ではいったい、それは何をめぐっての戦争なのか。ラトゥールは、その比類なき想像力の才覚で、次のように書く。「人新世で、人間たちは今や自然を相手に戦争しているのではないが、だとしたら実際のところ何を相手に戦争しているのか？　私は、それにふさわしい名前を定めるのに、ものすごく苦労している」。最終的に彼は、地質歴史学的なフィクションのスタイルでそれを言い表し、「完新世の時代に生きる「人間たち」は、人新世における地上とのつながりが強い状態にあるものと戦っている」と断言した。「人間たち」は、自然から切り離された後期完新世において自分が存在しているのを見出す人間を意味するのに対し、「地上とのつながりが強い状態にあるもの」は、人間と人間ならざるもの、そして人新世が明示し、そして以前の「人間」がそこで分ち難いほどにまで緊密な一部になってしまっている惑星的なものの絡まり合いを意味している。だが戦争に決着がつくことなどありえない。というのも、地上とのつながりが強い状態にあるもの（earthbound）と地球は支配する力を振るうものではないが、それらは支配されることになるものでもないからだ。[73] 私たちが、いまだに近代化を追い求めていて、完新世にいるとでもいうようにして行動している人間主体であるとしたら、ラトゥールが多くのところで対外交渉と呼んだことを実践する必要がある。[74] 人間たちと、地球と絡まり合った状態にあるもの（earthbound）は、お互いに交渉し合う主体として出会うことができないので、私は、近代的になっていくグローバルな人間たちが実践するのを必要とするのは一方的な対外交渉だと言っておきたい。それは私の記憶では一九六二年のインドとの戦争における中国の一方的な撤退に似ているのだが、つまり、人間と近代の領域の規模を減少させることでそれを行う、ということである。

ポーランド系のユダヤ人であるラファエル・レムキンは、その家族をホロコーストで失い、「ジェノサイド」という言葉を作った。[75] 人間たちは、社会学者で著述家であるダニエル・セレルマジェールが、全てを殺害するということを意味する「オムニサイド」[76] という言葉を用いて言い表すことを、いついかなるときに行ったところでおかしくはない。あなたは正当にも、次のように問うことができる。それをするのはどの人間なのか。責任のある者たちが誰であるかをはっきりさせないのか。ときどきではあるが、そうすることは可能である。政治家や金融機関、ビジネス界、政府の失敗といったことを、理由をあげて指摘することはできる。実際、他人を意図して殺害し、破壊し、傷つけている人たちが誰かを示すのが容易なときもある。だが、セレルマジェールが述べているように、責任や咎めを何かに負わせるのがいつも簡単というのではない[77]。二〇二〇年のオーストラリアの火事嵐の最初の一ヶ月だけで五億の野生動物が死んだ。誰もがそれを積極的に企てたわけではなかった。ほとんどの人がそのようなことを望みさえしなかった。だがそれは、私たちが「人間に起因する気候変動」と呼ぶものに由来する変化のせいで起こった。

　セレルマジェールは、この状況を説明するために、次のようなことを語っている。「自分の成長期、両親は「誰がデビー・ムーア殺したの?」というボブ・ディランの曲をよく演奏していた」。童謡の「だれがコマドリ殺したの?」にもとづくこの曲は、デビー・ムーアという、三〇歳のときリングで死んだボクサーの話を歌っている。もしもあなたがその歌を覚えているなら、コーチも、観客も、マネージャーも、賭けをしている人たちも皆が「それは自分ではない」と言っていたことを知るだろう。セレルマジェールが述べているように、それから彼らは、「自分たちはただ自分たちがしていることをしていただけだ」と釈明した(78)。

今日の特権的な立場にいる人間である私たちは、人間の領域の拡張を促すために、自分たちがしていることをしている。地球が創出されたのは人間だけがそこで繁栄するためであると信じているかのようにして――たとえそうと信じていなくても――行動している。私たち全員は、大加速が人間の条件において生じさせた変化に――その度合いは均等でないが――関与している。人間が引き起こしている気候変動とパンデミックはこの加速と関連している。人間の領域の規模を縮小していくための方法を見出すことが人間に課せられていると言えるが、そこでは、人間の内部での不正義の問題や人間と人間ならざるものとのもつれ合った絡まり合い――つまりはラトゥールのいう地球とのつながりが強い状態にあるもの（earthbound）――の問題に関わってくる問題を見失わないようにすることが求められる。

第二章　人間を含めた諸事物の歴史性

人新世は、地質学的で人間的ではないものの尺度で測った時間のうちの一切れである。地球の地質学的な歴史を記述するのに使われている時代区分の枠組みでは、地質学的な「世」（epoch）は、測定に関わる最小の単位だが、それでも数千年ものあいだ続くことになる。もしも地質学者が人新世を正式に認めることに同意するとしたら、完新世は地球の地質学的な歴史においてとても短い「世」の一つであるということになるだろう。私たちはすでに人新世にいるのかもしれないが、私たちホモサピエンスは、人新世が終わるよりはるか以前に存在するのをやめるかもしれない。この意味でいうと、人新世は人間の歴史のための時代区分の手はずにはなりえないか、もしくは、二つの人新世を作り出す必要があるということなのかもしれない。すなわち、一つは人間が存在している時代を対象とするもので、もう一つが、地球の歴史における、人間以後の時代に関わるものである。もしも今後の三〇〇〇年から六〇〇〇年のうちに第六次大量絶滅が本当に起こるとしたら、私たちはその名称を「人生代（Anthropozoic）」のそれへと更新せねばならないということにすらなりかねない。これらは人間の歴史を時代区分するための範疇ではないのだが、人類が今日、人口数、テクノロジー、地理的な拡張、他の生命体への支配といったことのおかげでこの惑星で地質学的な力を有する存在になるというよくわからない栄誉に服したという命題を地球システム科学者たちが提唱しているのを私たちが受け入れるのだとしても、そうはならない。

コゼレックが述べたことでよく知られているように、近代の人間の歴史の時間は、私たちが、私たちの経験と諸々の期待および関心の広がりゆく地平とのあいだのどこかに位置付けられることで構築されている。何人かの学者が、現在を近代の時間の延長と捉えるために、人新世を、資本新世やプランテーション新世、エコ新世のような、いっそう人間中心主義的な範疇へと翻訳してしまうのは、そのためであるのかもしれない。だが私の考えでは、このような翻訳作業は、人新世が突きつける現実の脅威と私が考えるものを看過している。それは、人文学の歴史学者たちを、惑星の深層的で地質学的生物学的な歴史に直面させるというだけでなく、いっそう重要なことに、「事物」としての人間の歴史性に直面させる。もちろん、個人としての私たちは、深層的な歴史の産物でありながらそこに埋没しているというのは確かである。普段使いの鉛筆からスペースシャトルにまでいたるいかなる人間の製作物であれ、人間には互いに向かい合わせにすることのできる親指があり両眼の視覚が備わっているという前提がないことには、作られることなどありえない。人文学の歴史学者には、そのような事実は普通は当たり前のことで、世界の既定条件の一部を構成している。それらは専門的な科学の知識に属している。

世界のこの既定条件は、今では崩壊しようとしている。日々の報道のおかげで私たちは、人間たちは、化石燃料を使って温室効果ガスを排出し、森林を容赦なく切り倒し、消費と都市化を拡大していくことによって、今や地球を温暖にし、海洋を酸化しその海面を上昇させ、都市を熱くし、パンデミックの時代を到来させ、そしておそらくは第六次大量絶滅を早めているということに意識的になることができる。私たちは今や、人間が惑星に与える影響が、そのテクノロジー的な能力のために、かつて私たちが想像していた以上に大きくなっていて、そして翻って、惑星あるいは地球システムがかつて人間に見えていたのよりもまして有限になっていることに気づいている。言い換えると、人間は事物のような実体に、つまりは惑星の地質・生物学的側面を変えることのできる、人間ならざる惑星的な力になってしまった。

だが、つい最近まで、そしてきわめてわずかな例外（そのほとんどが人間の環境に関する学者なのだが）を除いて、私たちの時代の歴史学者が、人新世の仮説と、人間を惑星的な力か事物のような力と捉える見解に対して示したのは、強い抵抗感であり、さらには無関心であった。それに関して、名高きハーバード大学の歴史学者であるチャールズ・S・マイヤーが、前の世紀に別れを告げるといった手つきで二〇〇〇年に『アメリカン・ヒストリカル・レヴュー』で出版した、「二〇世紀を歴史にする――近代という時代のためのオルタナティブな語り」と題された論考は、典型的である[1]。これは博識に裏打ちされた思慮に富むエッセーで、構造的な変化と、道徳的な問題と、過ぎ去りつつある世紀の時期区分に関する問題が歴史学者に投げかけたことを考えようとするものであった。だが驚くべきことに、気候変動に関する政府間パネルが国連で設立されてから一二年後に刊行されたのにもかかわらず、この論考には、二〇世紀の文化的な事実としてのグローバルな温暖化に関する言葉が一つも出てこない。マイヤーは二〇世紀が西洋に突きつけた道徳的な問題のうちのいくつかを熟考し、二つの世界大戦とジェノサイドに至る人類の「暗黒の歴史の道程」を読者に思い出させ、さらにアイザイア・バーリンの「かつて存在したなかでも最悪の世紀」だったという見解を思い出させる。マイヤーはその洗練されたニュアンスとアイロニーの感覚で、「近代」が、アドルノとホルクハイマーのような人たちにとって有する意味とアジアおよびアフリカのポストコロニアルな諸国家の指導者にとって有する意味がどれだけ異なっているかを述べている[2]。だがこの論考の大掛かりな見取り図に欠けているのは、東洋と西洋の分割を貫く二〇世紀の最大の問題と今では見られるようになっていることについての議論である。すなわちそれは、人間に起因する気候変動であり、地球システムの研究者によると人新世の始まりである。

今にして思うと、この論考のなかで、気候変動や人新世を論じる際にきっかけとなりえたのもかかわらず見過ごされた機会の一つは、近代の歴史における「遅延と加速」という主題に関する議論であるはずである。マイヤーは、決定的なところで、コゼレックに同意しない。すなわちコゼレックは「歴史に関する私たちの近代的な概念はそもそも、進歩と退歩、加速と遅延という、すぐれて歴史的な決定要素の存在を主張してきた[3]」。これにマイヤーは反論する。「だが加速は、世紀を画する事態となるのには十分な条件ではない[4]」。だがこの反論は、マイヤーの論考にある最大のアイロニーにもあてはまる。というのも、二一世紀をわずかに二〇年ほど経過しつつある私たちは、前の世紀の後半は主として気候科学者や歴史学者が今日において大加速と呼ぶものと関係していたという主張を、大なり小なり受け入れるようになったからだ。そしてそれだけでなく、大加速とともに一つの時代の画期が——人間の時間の観点からすると広大だが地質学的な時期区分としては短い——、つまりは人新世という画期としての「世」が到来した。じつのところ二〇世紀の後半には時代を画する事態があって、事実上きわめて大規模な画期としての「世」の始まりで、すなわちそれは、私たちの文明の終焉を見届けることになる画期としての「世」である。

歴史学者のマイヤーの才能と博識は、いかにして気候変動に関する情報を見逃したのか。これは自分が生きる時代を理解しようとするとき歴史学者が直面する職業上の不運の一例なのか。マイヤーの論考に形を与えた、何らかの政治的・哲学的な問いが存在したのは明白で、それはとりわけ、民主主義の未来とポピュリズムおよび権威主義的な支配の二重の脅威についての関心であるが、それらが表明されたあと二〇年後になっても、なおも執拗に反響している。これらは実際のところ、二〇世紀後期における人間中心主義的な関心事であった。二〇世紀の終わりにおいて現れたマイヤーの論考は、近代、近代化、そして民主主義といった思想そのもの――そして、これと関連する人間の自由の問題――が、二〇世紀の最後の数十年に様々なポストコロニアル的で反‐ヨーロッパ的な転回を経つつ、歴史についての理論家と実践者の心をどれほどまでに鷲掴みにしたかを思い出させる。歴史には「自由」を達成することができるということへの素朴な信頼感が前世紀の終わりまでには深刻なまでに枯渇していった一方で、人間の、さらには歴史叙述をめぐる戦いが意味をなすように思われたのは、世界をいっそう民主的かつ近代的にする、それも多元的で多中心的なあり方でそうするという、大規模で集合的な――だがときに失敗もする――試みの一部と見られるかぎりにおいてであった。未来に関する解放的で民主主義的な展望にこれだけ強く関心を向けたことが一因となって、歴史学者は、「人間の未来」という思想そのものが気候変動と人新世という惑星的な問題のせいで先行き不透明になっていくことに盲目になったということなのか。

ポストコロニアルの歴史と近代という解放への展望

二〇世紀の最後の四〇年は、歴史の叙述で周縁化されこれまで表象されることのなかった者たち――労働者階級、女性、先住民、そしてそのほかのサバルタン集団――が歴史のアカデミックな殿堂のなかへと入っていくのを許された時代であった[5]。世界各地で、恵まれない背景をもつ学生たちが拡大していく高等教育部門に入り始めたまさにそのとき、歴史はいっそう包括的になることによって民主化された。近代の概念は、これらの時期における歴史叙述をめぐる論争の中心にあった。それは、前世紀である二〇世紀の最後の三〇年か四〇年で目覚ましい命運の変化を遂げたが、その変化は今世紀である二一世紀の始まりにまで及んでいる。ヨーロッパ中心主義的もしくは西洋中心主義的な歴史はその魅力を失い、ヨーロッパ中心主義的な近代の観念にもとづく時代区分の使い勝手の悪さはそのときグローバルになっていた。

この意見は、キャスリーン・デイヴィスが、『時代区分と主権性』で、「中世」や「封建」といった範疇に関しておこなった、確証にもとづく網羅的な調査によってしっかりとした学術的根拠をえている[6]。私の先生であるインドのマルクス主義の歴史学者であるバルン・デは、一九七六年に次のことを述べたが、そのときは無傷でいることができた。彼は次のように書いていた。「未来の歴史学者は、（インドにおける）一九世紀と二〇世紀を、近代という時代の始まりではなく不確かな中世という時代の終わりと捉えるかもしれない、なぜなら第三世界では、近代はなおも私たちのことを待ち構えているからだ[7]」。このような見解は、一九九〇年代と二〇〇〇年代には、救いようのないほどにまでヨーロッパ中心主義的なものと見られることになっただろう。というのも、この議論は今だと次のようになるからだ。すなわち、だれかが「近代的」であったとしたら、その人たちがそうであったのはそうではなかった他の誰かとの関わりにおいてそうであったからである、というように。この「誰か」はすぐさま「後進的」であるか「前近代」であるか「非近代的」であるとみなされることになるか、近代的になっていくのを待ち構えている、つまりは私が「ヨーロッパを周縁化する」で述べたように、「歴史の待合室」へと追いやられているものとみなされることになる。(8)

シュメル・N・アイゼンシュタットとヴォルフガング・シュルヒターは、一九九八年に「ダイダロス」誌の特集を組みそこで「初期近代」の問題を主題にしたが、そうしたのは、世界の経済と政治と文化がほとんど西洋的であったモデルにもとづく「結合」に帰着した過程としての近代化の概念が、一九六〇年代よりも（九〇年代時点での）今日のほうが実質的には説得的ではないものになっていると論じることによってであった。(9) 近代主義への反抗と、近代についての近代主義者の思想にたいする反抗の精神は、一九九〇年代までには英語圏の大学の人文学のあらゆる部門に存在していた。(10) 哲学者のクワメ・アンソニー・

アッピアは、この反抗精神を捉えた半自伝的な著作である『私の父の家で』で、次のような文章を書いている。「近代にかんする近代主義者の説明には異議申し立てしなくてはならない」[11]。歴史学者は、「近代」という言葉を放棄しなかったときには、しきりにその用法を民主化し、それを言い換えた言葉を時間の広い期間（かくして「初期近代」という時期がでてくる）に渡らせ配分し、あるいは階級のあいだで配分するようになった。他の人たちは、近代の観念を、排他的で決めつけがちなありとあらゆる要請から引き離そうと試みるなかで、オルタナティブで多数的でヴァナキュラーな諸々の近代を発見した[12]。

　後期のパトリック・ウルフが、前近代と近代のあいだのあらゆる分割線を取り払って、「グローバルな産業の秩序の中心に植民地主義があるということ」が意味したのは「土地を没収された先住民や奴隷化されたアフリカ系アメリカ人や役務契約を結ばされたアジア人は大都市の中心にいる工場労働者や官僚や遊歩者と同じように総じて近代化されているということだ」と主張したとき、多くの歴史学者を代弁していた[13]。この意見はすばらしいものだった。だがもしも、これらの雑然とした人物たちが、みなが、等しく、十分に近代的になっているのだとしたら、あきらかに、この人たちの近代性は、その教育や都市性やその他のあらゆる文化資本の形態の度合いにおける差異とはあまり関係がないということになる。そうだとしたらこの人たちはいかなる意味で等しく近代的であるというのか。そうなると、「近代」は「グローバルな産業秩序」をただ言い換えただけで、この秩序に組み込まれている人たちは定義上「近代的」なものとして扱われることになるというのか。歴史家のサンジャイ・スブラマニヤムは、それと関連するようなことを論じている。

> 近代はその歴史上、グローバルな結合の現象である……それは以前には比較的孤立した諸々の社会を接触させていく一連の歴史の過程に位置付けられていて、私たちはその根源を、一連の様々な現象のなかに探し求めなくてはならない。すなわち、モンゴル人の世界征服の夢、ヨーロッパ人の探検の航海、ディアスポラ状態にいるインド人の織物の貿易商人の活動、「微生物のグローバル化」といった現象のなかに。[14]

植民地以前のインドについての歴史学者であるジョン・F・リチャードは、二〇〇三年に、「近代」という時期区分の範疇を使うことを別のやり方で擁護しようと試みたが、この場合には近代は、「初期」という形容詞によって修飾されている。「初期近代のインドと世界史」という論文で、リチャードは、彼のいう初期近代の意味を明確にした。「(一五〇〇年から一八〇〇年のあいだに）人間の社会は、その広がりと強度において先例のないいくつかの世界規模での変化の過程に一緒に関わり、それにより影響された。私はこれらの世紀を初期近代の時期と呼ぶ」。それは標語としてというのであれば、「ムガール」や「後期中世」よりはよかったのだが、なぜならそれはインドをさほど「例外的にも独自にも風変わりにも」しなかったし、「世界史から外れたもの」にもしなかったからである。[15] リチャードは、「初期近代」は一五〇〇年から一八〇〇年の時期のあいだの「グローバルな」発展を意味していると説明した。「少なくとも六つの、区別されているが相補的である大規模な過程が、初期近代を規定している」。それらは、（1）ヨーロッパ人の「探検と地図作成と報告」に帰結した「グローバルな航路」。（2）「真の世界経済の興隆」。（3）「大規模で安定的な国家と他の大規模で複雑な組織の成長」。（4）「世界人口の倍増」。（5）先住民社会の破壊と強制移動をともなう「土地使用の集約化」。そして（6）「いくつもの新しいテクノロジー――新世界の作物、火薬、印刷テクノロジー――の伝播と、これらに対する、初期近代の世界のあらゆるところでの組織的な応答」である。[16] C・A・ベイリの大著『近代世界の誕生――一七八〇年から一九一四年』は、この論理を二〇世紀にまで拡張しているが、その論拠とされるのは、国民国家の台頭、グローバルな連関の「大規模な拡大」、産業化と都市化といったことは、「あまりにも急速な」変化を示しているので、「人間の社会組織における大々的な変化」をもたらすことになり、「近代世界の誕生」を画するものとみなされるようになった、というものである[17]。

リチャードとベイリが列挙する事例は、自己弁護のためのものであった。すなわち、拡大するコミュニケーション、国家と人口の成長、土地利用の集約化、先住民社会の破壊、新しいテクノロジーの拡散といったことはつまり、ハイブリッドな表現でそれを言うとしたら、植民地化による近代化ということである。だがこれらは、初期近代のインドについての歴史学者が、近代化を、長くてそして植民地化されることに先立つ――それでいてグローバルでもある――過去とみなした年月でもある。実際、それのおかげで私たちは、スブラマニヤムの言い回しを使って言うなら、歴史がいかに「つながっていたか」を考えることができるようになる。そしてそれは、インドのような国家を、世界史における長期的なパートナーにした。だが、近代化（ウルフの表現に戻っていうなら「グローバルな産業の秩序」）は、いかなる意味で近代と同じなのか。さらにいうと、どうしたら植民地化されるのに先立つインドを「初期近代」という標語で呼ぶことができるというのか。

マルクスのようなヨーロッパの思想家は、この問いに答えるうえでは何の問題もなかった。彼の場合、近代は、工業的な生産や近代化を言い換えたものでしかないということにはならなかっただろう。彼には、資本主義や近代化を、それらよりも前にあったものに対する人間の歴史上の進歩を画するものと考えることへのきわめて明確な理由があり、そしてその理由は、人間の解放に関する彼の哲学的な見通しの一部をなしていただろう。「解放」の思想には多くの起源があるのだが、その同系の語である「(解放という意味での)自由(freedom)」と「(放任という意味での)自由(liberty)」という、人間の歴史において同じようにに人々を鼓舞したグローバルな観念についても同じことがいえる。これらの語源の多くは少なくとも一九世紀にまで戻ることになるが、そこで私たちは「奴隷の解放」という言葉を耳にすることになり、さらにその世紀の後期になると、マルクス主義とリベラリズムの哲学的な伝統で「自由」とみなされる言葉を耳にすることになる。ユルゲン・オスターハンメルは、一九世紀を何にもまして「解放の世紀」とみなしている。ただし、彼がいうには、これは「解放」という言葉が「ローマ法から導き出され、際立ってヨーロッパ的であり、全体としての世界には当てはまりそうになかった[18]」時代のことであった。かくして、マルクスの哲学的・経済学的な範疇である「資本」には、それに固有のこととして法的な平等(賃労働がもたらす法的な契約の観念を介するというだけでなく抽象的労働の観念を介する)が備わり、権利を備えた市民像を示すのだが、これは彼の自由の見通しへの第一歩である。そして今日のヨーロッパ中心主義への非難に対して、マルクスは、自分の哲学において「ブルジョワ的なヨーロッパ」という範疇がある程度優先されていたということに同意しただろう[19]。だがマルクスの選択は、ヨーロッパ中心主義をただ弾劾しあっさり捨てた歴史学者には使えるものではなかった。

イマニュエル・ウォーラーステインはかつて、近代化と近代のあいだの分析的な区分を、人間の解放という主題との関連で当意即妙に表現した。

前者は、テクノロジーの創出の促進をつうじた、自然に対する人間の勝利と想像されるもののことである。後者は、人間に対する人間の勝利で、あるいは少なくとも、政治的な圧政や官僚制的な偏狭さ、経済的な奴隷状態への大々的な抵抗をつうじた、人間の特権や権威性の抑圧的な形態に対する勝利のことである[20]。

「リバタリアン的である」かもしくは解放を志向するプロジェクトは、ヨーロッパ的な自己反省のようなものを、第一のプロジェクトつまりは近代化のテクノロジーによるプロジェクトとのかかわりにおいて構成したということができる[21]。ヨーロッパの初期近代が問題となるのは、政治哲学における一七世紀と一八世紀の論争がその後に続いた近代についてのすべての議論となおも関連性があったからである[22]。ホッブスとスピノザは民主主義に関する議論といまだに関係するが、初期近代の他の事例のなかにこれと同等のものを見出すことはできない[23]。

だが、非西洋に関する新しい二〇世紀後期の歴史叙述は、近代へと向かうヨーロッパの特別の道のりのようなものを、ヨーロッパの外での近代化と近代の歴史を理解するための青写真やテンプレートとして扱うのを拒絶しておきながら、ウォーラーステインが説明した二つの解放の思想にいまだに拘泥している。ハンナ・アーレントは、二〇世紀後期におけるこの遺産が意味するところを、その死後に刊行された講義録の一つである「自由になるための自由」で明確にしている。アーレントは、一八世紀後期と一九世紀の革命にまで遡行して、恐怖からの自由と、今日の用語で言うところの貧困からの自由のあいだの根本的な関係性を仮定した。「自由を目指して自由になるということは、何よりもまず、恐怖からだけでなく欠乏から自由になるということを意味した[24]」。「白人男性」を恐怖しなくてはならないことからの自由と、飢餓および貧困からの自由をあわせて欲望するという二重の原動力が、二〇世紀半ばにおけるアジアとアフリカでの反植民地的で革命的な運動を引き起こした。

一九五五年のバンドン会議は、未来に関するこの目的論的な見通しから出てきたもので、つまりそれは、世界に関して新たに見出された、不安定的な見解なのだが、それによると、ある国家が別の国家を支配することのない状態で世界がさらなる成長と発展を遂げていくことになる[25]。これはまた、異なったグローバルで惑星的な体制を想像することでもあったが、植民地化されたものがヨーロッパの啓蒙主義を相手におこなう要求によって焚き付けられることになった。たとえばエメ・セゼールは、ヨーロッパ人による支配のない状態における世界のヨーロッパ化というプロジェクトを描いてみせた。

植民地主義者のヨーロッパは、植民地体制のもとでいくつかの領域で達成された明白な物質的な発展によって己の植民地化の実践を正当化しようとする点で誠実でないと、私は主張する。だが（アジアとアフリカの）ヨーロッパ化は（日本の事例で証明されているように）ヨーロッパによる支配とは結びつくことがなかった。それが証拠に、現在において学校を求めているのはアフリカとアジアの現地人たちで、それらを拒絶するのが植民地主義者のヨーロッパである。港と道路を求めているのはアフリカ人たちで、この点に関してケチなのはヨーロッパ人たちである。前へと進むのを欲しているのが植民地化された人たちでそれを抑え込んでいるのが植民地化する人たちである(26)。

フランツ・ファノンはおそらくこの想像力のもっとも雄弁な唱導者であった。彼は次のように書く。「人間にかかわる主要な問題への解決策はすべていつであろうとヨーロッパ思想に存在した。だがヨーロッパ人はそこで示された使命に従って行為しなかった。第三世界は今日、その問題に挑みそして解決せねばならないということをその課題とするとてつもない集団として、ヨーロッパに向き合っている。ヨーロッパにはそれに対する答えを見出すことができないでいる(27)」。これは、反植民地的な近代化の想像力のグローバルな性質に関する新しい見通しなのだが、ヨーロッパへの恩義を声高に認めつつ、その独立性と反植民地的な価値観を主張する想像力である。それはたしかに人間中心主義的であるが断固として帝国主義には反対している。私の感触では、解放への政治は、一九五〇年代と六〇年代には新しく非西洋的なかたちをまといはじめていた。

いわゆる西洋の外側――中国やインドや世界のどこか――での中産階級の成長は、抑制されることのない経済成長を正当化するあらゆる言明において、たとえありとあらゆるところで同じような熱意で追求されてきたのではないにしても修辞的にきわめて重要な位置を占め続けている公言された優先事項に基づいてきたし、今もそうである。これは大規模な貧困の削減の問題であった。鄧小平を研究してきたアメリカの政治学者のマリア・チャンは、いかにして鄧が、中国の共産主義の「主要目的」が「生産諸力の解放をつうじた貧困の削減」であることを理解したかということを論じている[28]。インドのネルーについても同じことが言えるが、彼のダム建設と灌漑力への偏好は、イギリスの植民地支配の歳月において頻発した飢饉にさらされてきた「飢え死にしそうな民衆」を養ってあげたいという欲望から来ていた[29]。大規模な貧困そのものは近代の産物であった。衛生設備、公衆衛生戦略、抗生物質をも含めた医薬品、エピデミックとパンデミックのコントロール、一九六〇年代後半の緑の革命といったことは、化石燃料という形態での安価なエネルギーを使用することに支えられた対策であるが、これのおかげで多くの貧民が、その生活の質において目に見えた改善が行われなくても生き延びることができるようになった。大規模な貧困は、一九五〇年代と一九六〇年代のこれらの新興国家では最優先の問題として出現したが、経済成長、開発、近代化――その各々がこれらの新興国家にその歴史がどこへと向かうべきであるかの道理を与えることになる――がそれと取り組むものとなる。これは、「解放」への道のりとしての近代化の未来像であった。インドにおける最下層のカースト出身のカリスマ的な指導者であるアンベードカルのいうことを聞いてみよう。

機械と近代的な文明は、人間を過酷な生活から解放するのに不可欠であり、余暇を与え、文化的な生活を送るのを可能にするのに不可欠である。民主主義を信じない社会は機械とそれに立脚している文明には無関心である。だが民主主義的な社会はそれらに無関心にはなれない。民主主義的な社会のスローガンは機械化でなければならず、いっそうの機械化であり、文明であり、いっそうの文明化である(30)。

この未来像は、二〇世紀の後期にはグローバリゼーションの理念の一部分になり、中国の鄧小平とインドのマンモハン・シンの時代にはいまだに明瞭だった真剣さをなおも湛えていた(シンは、インドがその経済を一九九一年に自由化したときの財務大臣で、その後に首相になった)。この真剣さが権威主義へと転じ、のちの悪しき指導者崇拝に転じたのだが、私の見方では、「民衆への責務」の遺産はなお、中国とインドの体制がその国家の内部とグローバルな水準で求めた自身を正当化する戦略の中心にある。呼びかけのためのレトリックである「何百万もの人間を貧困から救い出すには化石燃料が必要とされる」には、いまだに特権者の良心に訴えることができるだけの魅力がある（ビル・ゲイツを、テクノロジーの未来を夢想するものとしてのイーロン・マスクと比較してみよ）。

一九八九年は、自由と解放に関する、連関するが異なっている展望をはっきり示したのであるが、これが西洋と東洋に影響を与えた。それはただ、ベルリンの壁の終焉が西洋の民主主義にとって意味したことに関わるというだけではない。それはまた同じ年に起きた天安門広場の抗議者に関わるものでもあった。最近の論考でブルーノ・ラトゥールが問うたのは、資本主義とリベラルな民主主義は冷戦の疑問の余地なき勝利者であると宣言した歴史哲学者たちは――その自己充足的な西洋を代弁して――あまりにも「道徳的に明確であった」ために人間が引き起こした気候変動の問題を見過ごしたのではなかったかということである。[31] だが私たちには、何ゆえに西洋の外側の知識人が気候変動の問題を真剣に扱うことに失敗したかを説明するのに、そのような道徳的な明確さを引き合いにだすことはできない。結局のところ、植民地化された者たちとヨーロッパの帝国に対する西洋の批判者たちは、西洋のこの「道徳的な明確さ」がどれほどまでに欠点だらけで誤っているかを常々知っている。なぜならそれは、植民地への攻撃にまつわるあらゆることを引き起こし、そして正当化したからである。一九八〇年代後半と一九九〇年代は、非西洋の世界とポストコロニアルの思考においてはなおも重要である。というのも、かつて周縁化されていた人たちの権利を承認することへの見通しとそのための機会の増大が、解放への願望のための新しい地平を開いたからである。『沈黙の春』を読むこと以上に意味があり緊急のことと思われた。『地に呪われたる者』を読むことは、メキシコで産出される大量の種類の小麦についての物語は、『成長の限界』の戒告的なメッセージにもまして頭をくらくらさせるように思われた。[32][33] だがこれらはまた、エドワード・サイードの『オリエンタリズム』の出版とともに一九七八年に始まったポストコロニアル批評が頂点に達した年で、さらに、一九八二年にはインドのサバルタン研究が刊行され、一九八八年にはパルタ・チャタジーの『国民主義の思想と植民地世界』とガヤトリ・スピヴァクの論考「サバルタンは語ることができるか」が刊行され、一九九四年にはホミ・バーバの『文化の場所』が刊行され、そしてそのすぐ後の一九九六年にはアルジュン・アパデュライの『さまよえる近代——グローバル化の文化研究』が刊行された。[34] 二〇〇〇年に刊行された私の『ヨーロッパを周縁化する』はこの運動の驥尾《きび》に付すものだった。

一九九〇年代のポストコロニアルの思想は、国民国家と人種と階級の形成を批判していたのにもかかわらず、反植民地的でありつつ近代化を推進する国民主義者と同じく、環境の問題については鈍感だった。それは、近代と世界の近代化を、当然のこととして受け入れた。他方で、ラトゥールやそれに類した近代への批判は、成長や近代化へのポストコロニアルな欲望やデジタル革命が可能にした消費の民主化といったことと結びつくことがなかった。ラトゥールやフィリップ・デスコラが始めた批判がその語りの中心に据えた大々的な人類学的衝突は、「自然」と「文化」のあいだに設けられた根本的な区別に基づく文明とそうではなかった——主として先住民の——文明とのあいだに関わるものであったが、これらは、アジアとアフリカとラテンアメリカの反植民地的な「近代」を、ヨーロッパにおけるその先行者の、独創的でない、消滅しかけたカーボン複写のようなものとみなした。だが、サバルタングループやスピヴァク、バーバ、アパデュライといった人たちの業績にも明らかなように、ポストコロニアルな学問は、反植民地的な近代の推進者の解放への欲望に「派生性」や「モノマネ」といったことを付してしまうことへの抵抗であった。その論争は、あとの章でまた見るように、解決されたというよりはむしろ忘れられてしまっている。

空気がさらなる温室効果ガスと特別の物質で満たされていくのと同時に、世界における消費する階級の規模が大きくなったが、それにつれて、中国のような場所では多くの人々が貧困から解放され、さらに重要なことに、かつて植民地化され奴隷化され不遇で周縁化されていた人たちの子孫が、これらの新たに財産を持つようになった階級の隊列に加わっていった。西洋の内側では、闘争はまずは人種主義に反対するもので、黒人や先住民やほかのマイノリティの人々の権利のためのものとみなされた。つまり、民主主義の現れつつある感覚に訴えかけるものだが、悲しいことに、環境の包括的な惑星的危機という観念に訴えかけるものではなかった。そのことへの目覚めは、危機が深刻化し、いわば私たちにのしかかってくるのでないかぎり、明瞭になることはないだろう。サバルタン研究における研究仲間と一緒に行ってきた仕事のなかでの私自身の思考においても、人間の歴史が前へと向かって進むこと——さらなる権利と、来るべき民主主義への行進——は自然の世界を素通りしたが、それは、私のポストコロニアルな思考が、二〇〇〇年代において惑星的なものと衝突し、「歴史の気候——四つのテーゼ」を二〇〇九年に出版したときまで続いたのだった(35)。

マイヤーの二〇〇〇年の論考は、近代化の進展が「いっそうの」近代に帰結し、推論と判断のための反省的な能力によって政治的な領域が形成されていくことに帰結するという信念の枯渇を告げるものとして読むことができる。だが、このような暗い雰囲気のなかでの問いかけにおいても、近代や理性や偏見、さらにはデリダが「来るべき民主主義」と呼ぶ思想の遺産は増大していく[36]。これは、先に論じた人間の歴史に関する様々な解放的な展望の遺産だが、この遺産を維持することができるのは、ただ人間の歴史をそのものとして、つまりは「自然」の歴史や「事物」の歴史から切り離されて独立しているものとして考えることによってだけである。

解放を強調してきた従来の歴史哲学が今日において危機に陥っているということに関して、私はラトゥールに同意する[37]。だが、私は歴史叙述とその遺産のなかにある独特の流れについて語っているということをはっきりさせておきたい。私は第二次世界大戦以後に続いた脱植民地化の時代における近代と近代化についての歴史文献について語っている。「歴史の哲学」という表現を私が使うことにはさらに独特の思想の系譜が関わっているが、少し前にコゼレックが指摘したように、それはただ学問領域としての歴史学が、何らかのことについての歴史としてではなく近代的な意味での一般的な現象として理解されるようになってからのことである[38]。ここで私は歴史の運動の性質を全体として称えることを問題としてきた歴史についての世俗的な哲学のことを意味している。これは、歴史を熟考的な構えで読んだり書いたりするような、啓蒙主義の最中かそれ以前において歴史学者たちが行った実践とは異なっている。たとえばマキャヴェリがリウィウスを読むのも、それは古代人たちが歴史的な説明をめぐって考えていたのと同じようにしてである。すなわち、個人的あるいは集団的な政治生活のための教訓を学ぶために歴史を読むということである。したがって、マキャヴェリの著作から適当に抜粋してみても、次のようなことを彼は書いていることがわかる。

私はティトゥス・リウィウスの「歴史」を、それにより得るものがあるという見通しがあって読むのであるが、つまり私は、ローマの人々や元老院が従った行動のしきたりのすべてが注目に値するものだと考えている。そして考察するのにふさわしい他の事柄のなかでも、こういったしきたりが執政官や独裁官や軍の指揮官にもたらす威光がどれほどまでに豊かで、その全員が完全なる権力を備えているかということは、特筆に値する。

この問題に私はこだわってきたのだが、なぜならヴェネチアやフローレンスのような私たちの時代の共和政体はそれを違った観点から見ており、そのためにイタリアを現在の状況にしたからである。[39]

ギボンが(一七七六年に)『ローマ帝国衰亡史』の第一巻を刊行し、タキトゥスを「歴史の科学を事実についての研究に当てはめた最初の歴史学者」として描き出したときにも、彼がそれで意味したのは、カントやヘーゲルやマルクスが後に私たちに歴史の哲学として考えるよう教えたこととは異なっていた。[40] ギボンの説明でも、あるいはそれとは別の説明であっても、タキトゥスは、人間の歴史の偉大なる目的を、たとえば階級闘争や理性の狡知といった観点から神聖化するために出てきた人ではなかった。タキトゥスはむしろ、その著作である『ゲルマニア』により、ギボンが歴史をさらに一般化して考えるのを可能にした人で、それはたとえば、国家の歴史に及ぶ気候の影響や、文明化されたものと野蛮なもののあいだの区別といったことに関わる。かくして、ギボンは次のように書いている。「タキトゥスの時代には、ゲルマン人は文字の使用を知らなかった。そして文字の使用は、文明化された人々を、知ることや反省することのできない野蛮人の群れから区別するうえでの、主要な証拠である」[41]。これはギボンが歴史をただ記述するのとは区別された意味での「熟考」と呼んだものの一例で、それで彼は、自分の時代の好古趣味と戦うことができるようになったのだが、モミリアーノが以前に指摘したように、歴史に関する近代的な学術領域が現れるためにも重要であった[42]。

ギボンは啓蒙の歴史を書いていたのだが、J・G・A・ポーコックがその最近の著作『野蛮と宗教』で大変な博識でもって示したように、「哲学」は、この時期の歴史に応用されたとき独自の意味を持つことになった。ポーコックは、「哲学」という言葉は、それが「一七世紀の終わりにかけて」使われたときには、自然と知識についての体系的な思考のまとまりをいつも意味したのではなかったことに関心を向けさせる[43]。哲学は、「精神の市民的な態度、理性に開かれていること、狂信性をその一部とする情念をコントロールしようとする気持ちを表現したのだが、表向きは平和協調的なことを意味しながらも、（宗教戦争が起きている状況において）哲学は戦争のプログラムの基礎としてのイデオロギーになった」[44]。哲学は、いかなる社会でも、社会の習俗や道徳や文明化についての問いに対する興味へと発展した。私たちは、「歴史の哲学」と表現する際、ヴォルテールの恩恵をこうむっているのだが、ポーコックによると、彼はその題名で本を書き、『ルイ一四世の世紀』という著書の序文に相応しいものにしようとして書いたのであった。[45]

この議論において問題となるのは、ヴォルテールが「歴史の哲学」と言い表したものでないのは明らかである。歴史学者の創作物を議論することではなく、全体としての人間の歴史の過程とその動向を反省する活動（二つはつながっているとはいえ）としての歴史の哲学は、多くの異なる形において一〇〇年以上ものあいだ世界のなかで優勢であった人間の未来に関する「進歩的な」思想の系列から生じてきている。この伝統に関しては、さまざまな起源を見出すことができるだろう。それと関連するもののうちの一つはかならずやヘーゲルの思想に立ち戻ることになる。[46]だがその伝統は、実際のところは一九世紀の後半に進歩の思想（マルクス主義はその変異体の一つであるが）という形態で存在することになり、さらに二〇世紀には、「産業化」、「近代化」（社会主義的なものもそうでないものも）、「開発」といった様々な名のもとで、異なる形と規模で現れることになる。ピーター・ワグナーがしばらく前に指摘したように、ここでの主な知の問題は、「鉄の法則」のようなものにより前へと動かされていく歴史の問題というよりはむしろ、人間の「自由」の問題であり、つまり、人間の理性が歴史において自らのために見出すことのできる「自律」の度合いがどれほどであるかの問題である。[47]そしてここでは、人間の歴史と、客体および事物の歴史のあいだでの切断が要請される。これは、私たちが今問い始めることになった、決定的に重要な動向であった。

カール・レーヴィットの「歴史の意味」(一九四九年)やR・G・コリングウッドの『歴史の観念』(一九四六年)は、そのような哲学に関わる、二〇世紀半ばにおける代表的な二冊の著作である。それらはいずれも、「歴史の哲学」という表現がヴォルテールによって案出されたがその意味は一九世紀に変化したことを認めている。レーヴィットはさらに、啓蒙主義以後の歴史哲学においてユダヤ・キリスト教の思想と議論が世俗化され、古典的なギリシア思想に対抗的になっているのを見てとる。これはもちろん、複雑な著作群を乱雑にまとめて言い表したのにすぎないが、私が強調したいのは、そこにある人間と事物の区別、あるいは人間と人間ならざるものの区別のことで、一九五〇年代からの近代および自由に関するポストコロニアルな議論が、この区別をヨーロッパの思想のはっきりとした伝統から継承してきたということなのである。人新世という観念は、私たちが受け入れてきた近代に関する哲学的な歴史に関わる重大で根本的な区別が正当であるかどうかを問い直すことを迫るが、それは人間もまた何らかの存在の仕方において惑星的な力であるか「事物」であるということを認めることによってそうする。(48)

ベネデット・クローチェは、今にしてみると、一九五〇年以後の英語圏の世界におけるポストコロニアルな歴史著述の守護聖人と捉えることができるのだろうが、なぜなら彼は、あらゆる歴史は現代史であるということを二〇世紀に提唱した最初の人だったからである。E・H・カーにより単純化され決まり文句のようなものになったこの見解は、二〇世紀後期には、過去に関するほとんどのポストコロニアルな思考のスローガンになった（たとえば、一九七〇年代と一九八〇年代に何かと口にされた「私の経験は私の歴史だ」のように[49]）。すべての歴史は現代史であると議論することができるのは、歴史はただ人間が行うことについてのもので、人間の営みに関わるきわめて限定された時間感覚によって制限されていると考えられている場合だけであるが、その場合、自然であれ人工物であれ、客体には人間が持つのと同じ意味で歴史を持つことができないとみなされる。

人文科学が自然科学から分離され、形式化され学問としての体裁を整えることになるのは、すでにジャン＝バティスト・フレソズとファビアン・ロッヒャーによって言われたように、一九世紀の終わりにかけてのことである[50]。だが、クローチェの見解のいくつかのなかに、この切断を早い段階で正当化したものを容易に見出すことができる。「「自然の歴史」と歴史」と題された論考で、クローチェは、「自然の歴史」は「名前だけのもの」でしかないが、なぜならそこで課題となるのは分類だからだと主張した。「自然には歴史はないという言明は、思考することの可能な合理的な存在としての自然には歴史がないという意味で理解することができる」というのも、自然はそのようなものではないからで、つまり、言うなれば現実のものではないからだ。現実は、すべてが発展であり、そして生きている」[51]。クローチェによると、「人間の歴史においても」「自然史」が存在するが、誰にもそれを人文科学的な意味での歴史へと転じることはできなかった。「リグーリア州やシチリアの新石器人の本当の歴史を理解したいか」と彼は尋ねた。その答えはこうだ。「もしそれが可能でないか、こうすることに関心がないとしたら、その頭骨や道具や新石器時代の人々に属する碑文などを並べて分類したり整序したりするくらいしかできない」[52]。彼の考えでは、これは「草の葉」の歴史を理解したいと思うようなことであった。彼は次のように命じた。「まずは草の葉のなかへと入り込もうとしてみたらいい。もしそれがうまくいかないのであれば、その部分を分解し、それをなんらかの想像上の歴史のようなもののなかで配列することで満足するよりほかにない」。そのうえで彼はこう繰り返す。このことゆえに歴史は「現代史」なのであり、（自然であっても持つことのできる）年代記は「過去の歴史」なのである[53]。

まさにこのクローチェの論考と、その後に刊行された別の論考から、私たちは、クローチェが自然史と人間の歴史のあいだを区別するようになったきっかけが、ドイツの政治経済学者であるフリードリヒ・フォン・ゴットル＝オットリリエンフェルトが一九〇三年にハイデルベルクで開催された第七回ドイツ歴史学会で行った報告であったことを知ることになるだろう。カール・ランプレヒトに対する批判として行われたゴットル＝オットリリエンフェルトの講義は、のちに「物語の境界」という表題で一九〇四年に刊行された。[54] ゴットル＝オットリリエンフェルトは、クローチェが言うには、「歴史学者と地質学者の共通性を否定し、さらにはその親和性をも熱烈に否定したのだが、それによると、前者は出来事をその対象とするのに対し後者は地層化をその対象としていて」、そしてこの差異は、「歴史的な思考を自然主義的な思考から解放すること」を要請した。[55]

一九三〇年代と四〇年代にイギリスの哲学者たちのあいだでおこなわれたいくつかの論争は、事物の歴史と人間の歴史のあいだの分離を重視することを強調していた。オックスフォード大学の哲学者であるロビン・コリングウッドは、クローチェの翻訳者であり弟子でもあるが、彼が死んだ後、一九四六年に『歴史の観念』として出版されることになる講義と講義録を書いたとき、人間の歴史を自然の歴史のなかに埋め込まれたものと捉える見解に激しく反対した。彼の立場を検討することで、私たちは、人新世の仮説が人文学と解釈学的な社会科学に突きつけてくる知的な挑戦への、新鮮で有意義な洞察を得ることができるようになる。

私たちは、コリングウッドの死後のわずか数年後にその同時代人で少し年少のJ・B・S・ホールデンが出版した著書を思い出すことで、コリングウッドが関与していた論争がどのようなものかを理解することができる。ホールデンは、一九五一年に、「すべてに歴史がある」と題されたエッセー集を出版した。彼はもともとその本の表題を『イングランドの歴史』にしたいと思ったのだが、のちにその考えを改めた。「イングランドの歴史は概して、この二〇〇〇年の各々の世紀にイングランドでよく知られていた人たちのうちの数人を扱うだけのものになる。私は、それは私たちの土地の歴史を意味するべきで、文字で書かれた記録が出される以前の人々の歴史に関して私たちが知っているものを含めるべきだと考える(56)」。ホールデンの最初の論考である「始まり」の冒頭はこんな感じであった。「この一連の論文で私はイングランドとウェールズの歴史の手短な概略を書くつもりである。これが意味しているのは、これらの国々に生きていた人々の歴史ではなく、土地そのものの歴史である。スコットランドの読者が、私がスコットランドを度外視しているといって不平を言うことには、疑問の余地がない。そのことには相応の理由がある。スコットランド北部の岩は、イングランドとウェールズの大半の岩よりも年月を経ている。そしてそれらは激しく損傷を受けているのだが、そのために私たちは、その歴史に関して、イングランドの岩で知ることのできるほどの詳細を知ることがない[57]」。

ホールデンの論考は、「the Daily Worker」「the Modern Quarterly」「the Rationalist Annual」「Coal」「the British Ally」のような一般向けの雑誌でまずは発表された。それはおそらく一九四〇年代だったのだが、ゆえに一九四三年に亡くなったコリングウッドはそれらを目にしていたかもしれないし、そうではなかったかもしれない。だがたとえ彼がそれを目にしていたとしても、ホールデンが「歴史」という言葉を自然の世界での変化を記述するのに使っていたということにあからさまに反対したのには疑問の余地がないし、さらにホールデンが、コリングウッドの哲学のあらゆる原則に反対してすべてに歴史があると過剰なまでに主張したことに反対したはずである。なぜなら彼の古典である『歴史の観念』ともっと最近の「歴史の原理」（そのいずれもが死後に出版されている）で、コリングウッドは、このような冒瀆的な思想に対して批判的に論じたからである[58]。

コリングウッドがホールデンのこれらの論考を本当に読んだ証拠はないのだが、彼がホールデンの『生物学者の哲学』を読み、それを論評したということについては確信をもつことができる[59]。コリングウッドの当面の敵対者である知識人は、「ベルクソン、（サミュエル）アレクサンダー、ホワイトヘッドのような哲学者」であり、とりわけアレクサンダーによって一九三六年に『事物の歴史』という表題で刊行された論考であった[60]。この論考で、アレクサンダーは、「全体としての世界そのものをも含めたすべては歴史的であり」、人間の歴史と事物の歴史が構築する連続体では「時間が事物の構成に入り込み」、それゆえに事物にはアレクサンダーが「時の充溢（timefulness）」と呼ぶものがあると主張した[61]。コリングウッドはこのような見解を怒り心頭で拒否した。彼は次のように書く。「偉大なる口達者の哲学者であるサミュエル・アレクサンダー」は、最近刊行された論考である「事物の歴史性」を、「私見では、哲学者は歴史学者のところに学びにいくべき時である」と述べることで始めるのだが、「そこでアレクサンダーが哲学者に学んでもらいたいと思う教訓は、要するに時間の全き大切さであり、事物の時の充溢である」。自然の世界は、それが構築されるところにおいて歴史的であり、出来事に満たされているのだが、アレクサンダーが言うには、もしも「歴史と自然科学が同意するなら、何が哲学を、それが幸せな饗宴から外れているといって悩ませることがあろうか[62]」。

コリングウッドには、この招待を受け入れる心算はなかった。彼には「近代の天文学は私たちに天空の歴史をもたらすこと」を認めることができたし、「近代の生物学がその役割の一つとして生物学の歴史を含んでおり、また近代の地質学がそのうちに地質学の歴史を含んでいること」を認めることもできた。彼はまた、「医学が今や病気の歴史に興味をもっていること」や「物理学がホワイトヘッドのような思想家の心のなかでそのものとして歴史的になっていること」に気づいていた。だがコリングウッドは、「これらのいずれもが歴史的ではない」と強調した。「年代順に配列されているという意味では、たしかにそうかもしれない。それは、自然は本質的にいってそもそもが過程であるか出来事であるという古くからある考えの発展である。だが歴史はそうではない[63]」。彼は『歴史の観念』でさらにこう説明した。「近代の自然観が「時間を真剣に考慮している」ことには疑いの余地はない。だが歴史が変化と同じではないのと同様、それは「時の充溢」と同じではない。それが進化かもしくは時間を考慮に入れた存在のいずれかを意味するのであっても、同じではない」。彼は、歴史がその本質においてこの近代的な自然の概念と一致するかどうかという問いが普通の歴史学者に投げかけられるとしたら歴史学者は「否定的にそれに答える」だろうことを確信していた。コリングウッドは述べている。なぜなら、そのような歴史学者によると、「すべての歴史は、それが正当にそうと考えられるものであるとしたら、人間の事象の歴史である」[64]。だがこれは、「すべての人間活動が歴史の主題であることを意味しなかったし、実際、歴史学者たちはそうではないことに同意した」。コリングウッドの考察は、この点に関してさらに展開されている。「人間の行動が、その動物的な本性や衝動や欲求と呼ばれるであろうものにより規定されるのであるかぎり、それは歴史ならざるものである。これらの活動の過程は自然の過程である」。コリングウッドは次のように述べた。歴史学者は、「人間が食べ、眠り、性交し、その自然な欲求を満たすといった事実には関心をもたないだろう」。だが、——そしてこれが彼の主張なのだが——「歴史学者は、人間たちがその思考によって創出した、そこでこれらの欲求がしきたりや道徳によって承認されるようにして満たされることになる枠組みとしての社会的習俗に関心を持つ[65]」。

人新世の歴史方法論上の困難

コリングウッドは寝たり食べたり性交するというような、人間が個人として関与することになる活動に言及している。ゆえに、コリングウッドの文章において、「人」はただ個人の算術的な総和を意味しているのにすぎない（それはたとえば「優占種」という表現で言われるような、「優勢な一つの実体」としての集合体ではない）。ヒト微生物叢（人間と微生物叢の共進化）と、それが私たちの気分や幸福感に関係していることについて私たちが知っていることから言えるのは、人間の個々人の場合において、心と身体の区別は、もはや妥当ではないと思われるということだ[66]。だが、ここでクローチェとコリングウッドとカーを経由して論じた、人間の歴史への視座に関して提起された問題においてさらに重要な事柄は、人間の歴史を人間ならざるものの歴史から切り離すことの問題で、この切断が、レーヴィットとコリングウッドの二人が「歴史の哲学」と呼称したものの基礎として作動していたのである。

人間が惑星に比肩する力を獲得し行為できるようになっていることを私たちが認めるとき、この切断を維持することの難しさは、私たちの時代においてますます自明のものとなった。ホールデン、アレクサンダー、ホワイトヘッドは、コリングウッドがその人たちを相手に挑んだ論争に、最終的には勝利したように思われる。だがこれは、人間の歴史に関する哲学――人間のためのさまざまな解放的展望――が存在しなくなったことを意味しない。それらは存在しているが、ただし、人間がこの数十年ものあいだ身をおいてきた境遇を示すものとしてであるのにすぎない。そしてその数十年で、私たちは、驚くほどの頻繁さで、グローバルな人間の歴史だけでなく人間ならざるものの歴史においても事態が急変していくのを目にしてきたのであるが、後者は惑星的な規模での急変で、それで人間の歴史と人間ならざるものの歴史の二つが分かち難く連関していくように思われた。

ラトゥールとフランソワ・アルトーグのような人たちは、人新世は私たちを当惑させるということに同意している。「クリティカル・ゾーン」の導入部で、ラトゥールとピーター・ウェイベルは、「石炭と天然ガス（地質学的な、深層的時間）が社会と世界の歴史のリズムに導入されることで生じる当惑」を論じた。

今日、あらゆる人々が、この当惑に地質学者が付与した名称である人新世を知っている。報道は、著しく当惑させるもので、それであらゆる学問領域や利益集団がその代替となる用語を提案し、代用となるあれやこれやの言葉に固執し、この激しい混乱に対処しようとしている。それは実際、この新しい地質学的な標語については、いいことである。それはあらゆるところに広まっているが、それが記述する歴史的期間「のうちに」静かに身を落ち着けるのは不可能である。[67]

アルトーグは、この当惑を、時間そのものの断片化の観点から、つまりは「世界と世界の時間に及ぶ」人新世の「否定的な影響」の観点から判断する。彼は次のように書く。

私たちの条件は、いくつもの溝に由来している。それは人新世の時間と世界の時間（それはますます断片化されている）のあいだの溝であり、デジタルな現在主義（それはグローバリゼーションの核心にある）と世界のその他の諸々の時間性のあいだの溝であり、そして最後は、現在主義と人新世の時間性のあいだの根本的な溝である。この条件は、ばらばらになっていくという、ひとつの試行である。(68)

人新世がそれを観察する者たちのなかに引き起こす、時間と空間がばらばらになる感覚の核心にあるのは、人間の時間と地質学的な深層的時間が絡まり合っていくという事実であるが、そうなるのは、アートとデザインの理論家であるベンジャミン・ブラットンのいう「炭素とシリコンにもとづく知性(69)」がそこでいやましに積み重なっていくことによってである。通常は、このようなことは発生しないだろう。惑星は過去には、ただ巨大で、ほとんど無限のように思われていて、そこで人間が地球に匹敵する力を生ぜしめるといったことなどないと思われていた。そのようなことが発生するには（たとえば、人間が、巨大な天体の力に匹敵するほどの威力を備えた、惑星と同じ程度の物理的力のようなものとして行為できるようになるには)、人間存在の時間空間的な次元が惑星のそれに類するものとならねばならない。テクノロジーの質と量における指数関数的な増大と、人間が生命を操作する能力——それは人間の生命だけでなく人間が飼育し維持する動物や鳥の生命にも及ぶ——なくしては、このようなことは起こらなかった。人間とテクノロジーと他の生命体は、それが一緒になるとき、ハイパー・オブジェクトのような、人間の知覚に直接迫る事物のようなものとして作動する複合体を形成する。人間が、自らの人間の歴史においてこの人間という事物になるとき、人間たちはその事物的な側面においてそれらがかつてそうであったのよりもいっそう広大になるのだが、それに対して惑星は縮小し、それがかつてそうと思われた以上に有限のものとして現れるようになる。この「事物」の歴史性を、「人間という事物」と呼ぶこともできるだろうが、これを思考したり書いたりするのは、コリングウッドや解放を目指す思考の世界の想定の内では不可能である。だが集合としての人間は今日、事物のような実体を構成している。いかなるあり方で私たちは事物や力として存在するのか。その存在の様態の歴史をどうやって書くのか。人間の近代の自然史のようなものが存在すべきなのか。だが近代は自然と人間のあいだの区別に基づくのではなかったか。これこそが、人新世の部分としての私たちの現在の歴史が対処せねばならない当惑なのである。

第三章　現在のうちにとどまる

最近、ファイサル・デヴィは次のように述べた。もしも私たちが「現在を歴史へと譲り渡す」ことを望まないとしたら、つまりは現在を、それがどうやってこのようになったかについての歴史的な説明と同一視するのを望まないとしたら、私たちは現在から何を作り出すのか(1)。もちろん、人間が引き起こした気候変動に関する歴史的な説明はたくさん存在しており、それは資本主義や帝国主義のような要因から産業文明にまで及んでいる。だが私たちが現在を、ただ何らかの過去の過程の帰結としてのみ捉えるとしたら、現在を見る私たちの視野は狭まることになる。そうなると、視野はすでに未来に関わる問いへと向けられてしまっているが、それはすなわち、温室効果ガスをどうやって削減するのか、資本主義とどうやって戦うのか、特別なアイデンティティにどのようにして「なる」のか、といった問いである。[2] 私は今はこれらの問いが大切であることを否定しないし、それらがもたらす政治的な課題をも否定しない。私が投げかける問いは、私たちはいかにして自分自身を現在へと差し向け、そしてそこにとどまるか、である。ブルーノ・ラトゥールが一度ならず指摘したように、惑星的な環境危機について私たちが知っていること（それはその歴史と原因についての知識も含まれる）と、そのようなことを知っていながら私たちが何もしないでいるということが、一緒になって進展する。それは、前の章で指摘したように、私たちを当惑させる現在である。ラトゥールが強調してきたこの当惑に関して重要なのは、近代に魅了されるということが様々に異なる時間と場所にいる人々にとって歴史的に意味したことを問うことであった。彼は次のように書いた。「多くの人々は、私たちは近代の恩恵を受けるのに値すると考えている。神の王国は、その世俗版である富と繁栄において、私たちの権利である。私たちはすでに約束された土地にいる。どうしてこの約束された土地を去らねばならぬというのか。別の土地を探して砂漠をまたも彷徨《さまよ》うというのか。そんなことは考えられない。大惨事において生きることはもちろん大惨事のもとを去ることを意味せず、むしろその終末の時間において生きることを意味する」[3]。

ラトゥールに特有の言い回しには同意しなくてもいい。だが、大惨事であるかどうかはともかくとしても、ラトゥールが「大惨事」という言葉を使うとき、フランソワ・アルトーグが指摘したようにそれは実はキリスト教的で、したがって終わりの時を想像するという特別な伝統を担っているため、ラトゥールの言明は、インドと中国のような人口が多い「新興」国家でこの七〇年間ものあいだ開発の政治の原動力となった近代と近代化への熱望を考慮に入れないかぎり、「人間に起因する気候変動」と呼ばれる窮境について考え始めるのは不可能であるということを私たちに気づかせてくれる(4)。

近代化という問題――そしてしたがって近代を享受することと人間の繁栄の現代的な形態の問題――の核心にあるのは、人間がエネルギーを利用する機会が増大していくことに関する問いである。カリフォルニア大学バークレー校で最近行われたタナー講演で、文学批評研究者のマイケル・ワーナーは、スイッチを一捻りするだけで自動的に利用可能になる電力を、近代的な生活様式の「無意識」と言い表した(5)。地球システム科学者のマーク・ウィリアムズとヤン・ザラシーヴィッチは、最近になって「ホモ・サピエンスという種のもっとも目覚ましい特質」は「私たちがとりわけエネルギーを略奪する種になっていると いうことで、私たちのエネルギーへの渇望は今や惑星の歴史の全てにおいて比肩するものがなくなるほどにまで高まっている」。彼らは述べる。おそらくは「リンネであれば私たちをホモ・アビダス（貪欲なヒト族）と呼んだはずである。いくつかの推計によると、毎年私たちは、地上で目にすることのできる植物の体内で利用可能なすべてのエネルギーの五分の二を抽出している。このエネルギーに私たちは、牛や羊や豚のような飼育されている動物を私たちが食べるときそれらによって供給されるエネルギーを付加せねばならない」[6]。この人間の「エネルギーへの渇望」はもちろん、産業革命の始まりとその後の脱産業化社会の台頭とともにいっそうはっきりしてきた。結局は、私がこの本と別のところで示唆したように、人間のテクノロジーが発展の何らかの地点に到達するときにのみ――そして私はテクノロジーに、生きているものと生きていないものの両方の人間ならざるものの使用を含めている――人間は、集合的に（そしてその内的な不平等ゆえにそれぞれに異なることもあれば、不平等であるのにもかかわらず異なることもある）「惑星的な」力になることができるが、それはつまり、とても巨大な事物のごとき実体のことで、惑星的な気候システムと他の多くの生物学的で地質学的な過程に対し、とても広大で惑星的な時間と空間の規模で影響を与えることのできる実体になる、ということである。

この物語の中心にはテクノロジーがある。私たちは、二酸化炭素のような代理物をつうじて、大規模な地質学的な行為者かもしくは惑星的な力として活動することができる。これの好例は、放射性物質を産出することのできる人間とテクノロジーの能力であるが、これは潜在的には、人間の文明が終わった後にも存在することができる。惑星的な時間は、人間がその日常の生活を営むにあたっての時間感覚をテクノロジーのおかげで超過することができるが、放射性物質はその好例である。放射能の発見は、人間の時間の影響の及ぶ範囲を拡張し、放射性年代決定法を可能にすることで深層的な時間を発見することの一因になった[7]。そしてもしさらに、人間がこの廃棄物を、いかにして、そしてどこで処理するかという問題について考えるとしたら、近代的な人間の影響の及ぶ範囲の空間的で惑星的な側面を理解し始めることになろう。この二つの側面は、もちろん連関している。人間が地質学的な行為者になることは、生成の過程であると同時に存在の静止状態でもある。私たちは、時間と空間の人間的な規模を超えた地質学的なものとつながっていくが、それは私たちが化石燃料を使用することで得られる便益や利便性を能動的に享受し消費し再生産するとき（運転したり空を飛んだりするときや、あるいは世界中に薬品を輸送するとき）はいつでもそうであるし、あるいは石炭や石油や天然ガスが私たちの幸福感に寄与してきたことの歴史に受動的に関与するとき（たとえば平均余命の延長や商品と人々の国際的な輸送が増大するとき）にもそうである。だが、そのうちの後者（石炭や石油や天然ガスの便益を享受する）を私たちが行うのは、人間の代理となって行動するが惑星的な規模で事物に影響を与える行為者を通じて、人間がすでに惑星的であるか地球物理学的な力になっているという状況においてである。

人間が窮境にあるという感覚のうちにとどまること――それは緊急の行動を要請する知識を前にして何もしないでいることだが――は、私たちとこのエネルギー集約型の文明との関係の特徴といえるが、そのためにも、人間が近代化の過程とエネルギー一般の大いなる利用から導き出した便益について書かれた二冊の著作を一緒に読んでおく必要がある。それはスティーブン・ピンカーの『21世紀の啓蒙』（二〇一八年）とジョン・R・マクニール、ピーター・エンゲルクの『大加速』（二〇一四年）である。[8] 一見すると、これらの著作は互いに全く異なっているようであった。ピンカーは人間を、理性と進歩と経済成長とテクノロジーの発展を崇拝する啓蒙主義の陣営と、前者が信奉するもののすべてに反対する反啓蒙主義の陣営に分割されたものと捉える。彼の言う「凶兆の預言者」の一覧は印象的である。「ニーチェ、アルトゥル・ショーペンハウアー、マルティン・ハイデッガー、テオドール・アドルノ、ヴァルター・ベンヤミン、ハーバート・マルクーゼ、ジャン＝ポール・サルトル、フランツ・ファノン、ミシェル・フーコー、エドワード・サイード、コーネル・ウェスト、そしてエコ悲観主義者たちの合唱団」[9]。ピンカーが、フーコーに関して、「ホロコーストを、科学と合理的な統治が人々の生に対していっそうの圧力を加えていったとき啓蒙主義とともに始まった「生政治」の不可避的な到達点であると論じた人」として描き出す様子は、ただ圧巻としかいいようがない[10]。

他方で『大加速』は、歴史学者のアイロニーと警告の感覚が満載された本である。それは、ピンカーがカントの「人間はつねに進歩しているのか」という問いに対して大いに肯定的な反応――少なくとも、啓蒙以後の世界にとっては――を示すとき立脚している事実を否定しない[11]。実際、もしもあなたが気候変動の問題を考慮の外に置き、この惑星の地質学的で生物学的な過去が互いに連関している歴史をいかにして構成したかを説明する地球システム科学（ESS）に取りくむことにいかなる理由も見出さなかったとしたら、一九世紀なかばから、そしてよりはっきりいうなら二〇世紀なかばから、人間は以前にもまして素晴らしい生活を送ってきたというピンカーの主張にあなたは同意するだろうし、その生活は、科学とテクノロジーと医療と公衆衛生と政府の政策といったことのおかげであって、それも一八世紀のヨーロッパの啓蒙主義の恩恵から続くものであり、たとえ人間のあいだでの不平等の増大があろうとそうなのであるというだろう[12]。

だが、歴史へのアイロニーの感覚がある人であれば、ピンカーが人間の寿命と人口、生活水準といったことにおける右肩上がりの傾向を示すのに引用する数値とグラフが、地球システムの科学者が人間の歴史における大加速の過程を示すのに提示するグラフに含まれていたことに気づくだろう。それはすなわち、人間の人口と消費、生活水準が一九五〇年代において指数関数的に増大し始めその後の数十年にかけてもさらに増え続けていく過程のことである。その唯一の違いは、大加速の仮説を論じる著者たちはこの明らかに人間的なものの前進の段階を、たかまりゆく警告と不安の感覚とともに観察しているということであるが、なぜならこれは、人間とそのテクノロジーが、炭素循環、窒素循環、水天循環、そしてその惑星の他の動態的な過程を含み込む惑星の過程に深く干渉し始めた時期でもあったからである。マクニールとエンゲルクの歴史へのアイロニーの感覚は、たとえば彼らが二〇世紀半ば以降の人間の人口における増大について書きつつ次のように論じるとき明瞭になる。「一九四五年以後、人間の人口動態は、その二〇万年の歴史でもっとも顕著な時期に突入した。一九四五年から二〇一五年という一人の人間の生涯の期間にグローバルな人口数は二三億から七二億へと三倍に増えた。この奇妙奇天烈な出来事においては、一年あたり一％以上の人口増加が続いたのだが、それはもちろんのこと、地球にいるほぼ全員が普通とみなすことである。それは普通以外の何でもない」[13]。テクノロジーと、安価で豊かなエネルギーの利用可能性が、この「成功」の秘訣であった。だがこれはまた人間が今では「惑星的な力」になっていることを意味した。「二酸化炭素の水準は地球の歴史において知られたいかなる時期よりも急速に上昇しており」、「（私たちが生きるのを支える人工肥料の生産のためのハーバー・ボッシュ法による）地球の窒素循環の改変の規模はこの二〇億年でもっとも巨大であり」、「大陸横断的かつ海洋横断的な種の移動は、これまでの地球の歴史上、比べ物にならないほどのものである[14]」。

ここ数十年における人間のエネルギー消費量のかつてない上昇を示した図表を整理して、ウィリアムスとザラシーヴィッチはそれとよく似た警戒感を表明する。「これらの尋常でない図表は、生物進化の四〇億年において、ただ一つの種の優位性という観点からも明らかに独特なことだと言っていい。こうやって極端に進行することには危険がないわけではない。私たちが行う診断の最後の部分は次のようなものになるかもしれない。「自らの絶滅を自分で知りつつ引き起こす歴史上唯一の種は、諸々の影響をそこに残しつつ、それに関して下された診断を読むことになる者は誰も後に残さないだろう[15]」。だが私たちは、ピンカーが賞賛している現在へ立ち戻ろう。

ピンカーの考えでは、啓蒙への批判者たちは、西洋ではよく知られた尊敬に値するヨーロッパ人か非西洋の批判者がほとんどで、この論争での争点が、ヨーロッパもしくは西洋の外側にいる人たちではなくてむしろ西洋人に関係するとでもいうかのようであるが、ピンカーはこの批判者をあまりにも愚弄しているため、彼の散文は、いかなる自己懐疑の感覚にも影響されることがない。左派の人たちを切り刻む多くの他の人たちと同じく、彼は「知識人」への強烈な嫌悪感を心に抱いているようだが、なぜならその人たちは「進歩を毛嫌いしている」からだ。そして「自分自身を「進歩的」と呼称する知識人」はさらに間違っているのだが、なぜなら彼らは「本当に進歩を毛嫌いしているからだ」。これらの知識人は（コンピューターのような）「進歩の産物」を使うことなど気にもとめないが、「進歩の思想、つまりは世界を理解することで私たちは人間の条件を向上させることができるという啓蒙主義的な信念」は、実際のところ「おしゃべりにふける階級を苛《さいな》んでいる[16]」。たとえば、近代医学の進歩にピンカーが寄せる信頼はあまりにも圧倒的で、それは彼をして二〇一八年に、人間は「経済成長」で「前進」を遂げたために「自然と人間が作り出す脅威に対して一層回復力に富むことになったが」、そのおかげで、「病気の突発的な発生は（もはや）パンデミックになることはない[17]」と主張させることになるのだが、それはデビッド・

クアメンの、米科学著述者協会科学ジャーナリズム賞などを受賞した著作である『スピルオーバー』の刊行の六年後であり、H1N1とその他のパンデミック間近の経験をその後に控えていたときのことである。今日、そういった文章の断片は、オドラデクの困惑した目でピンカーの読者を見つめ返してくる。それはカフカが発案した人間ならざる登場人物で、それをベンヤミンは、かつて「忘却において事物が呈する」形態と言い表した[18]。

だが、後知恵でピンカーを批判することは私の目的ではない。肝心なのはピンカーの著作とマクニールおよびエンゲルクによる著作の二冊のあいだにある、奇妙だが明らかな一致を指摘することだ。その一致は、それぞれの著作で彼らが主題とする、人間の繁栄という純然たる事実のおかげで可能になる。ESS（地球システム科学）を参照することがなくても――それはマクニールとエンゲルクがやろうとしていることなのだが――ピンカーは、次のことを認めざるをえなくなっている。すなわち、近代科学と技術と統治方式（要するに近代化）が、人間に、長寿という「究極の至福」を授けたのだが、これが行き過ぎて、グローバルな温暖化と戦うには人間のために「時間を買い受ける」ことで惑星全体の気候を工学的に操作するという選択肢を考慮に入れるほかないほどになっている、ということを[19]。言い換えると、彼が言っているか言っていないかはともかくとしても、ピンカーの著書は、彼が述べていることが含意する地質学的で生物学的な事柄を、気づくことなしに認識しているのである。それは、人間が惑星的な行為者になってしまったということで、つまり、私のいうところの惑星的な力になってしまったということである。

だがこれは、スティーブン・ピンカーの条件付きの楽観主義――私たち人間は「私たち」があれやこれやをやっているかぎりなんとかうまくいくだろう――が本書の議論の中心にある問題と衝突するところでもある。すなわち、人間は一つではないということである。ピンカーは、気候危機説を撒き散らしていると彼が考える人に反対して、次のように書く。「半世紀におよぶパニックにもかかわらず、人間はエコロジカルな自殺へと向かう変更不能な道のりにいるのではない。資源の不足を恐怖するのは誤っている。近代的な人間を純粋無垢な惑星を汚す卑きものと考える人間嫌いの環境主義もそうである。問題は、解決可能である。それは問題が問題自体を解決することを意味しない。もしも私たちが、社会の繁栄や賢く規制された市場や国際的な統治や科学とテクノロジーへの投資を含めた問題を解決するのをこれまでのところ可能にしてきた近代の情け深い力を維持するのであれば、私たちにはそれらを解決できるということを意味している[20]」。

ピンカーは、ハーバード大学での彼の同僚である物理学者デヴィッド・キースのプロジェクトを支持している。それはすなわち、「極端でなく、臨機応変で、一時的な」気候工学のためのプロジェクトで、「人間が呼吸することのできる空間をもたらすために、温室効果ガスの排出量を削減し、大気中の二酸化炭素を産業革命以前の段階にまで戻すことを目指す」工学のことだ。[21] 人間の生存に関する、条件付きの「ある場合にのみ」という主張をしている人は、ピンカーだけではない。ウィリアムスとザラシーヴィッチはそれとは別のバージョンを提示している。それによると、もし都市とそのエネルギーへの貪欲な欲求が持続可能な営みになるべきというのであれば、都市建設の実践は、先住民の伝統からだけでなく微生物からも学ぶ必要がある。彼らは、都市が持続可能になるためには、人間は「自然に対抗するのではなくそれと一緒になって建設する」必要があると述べている。彼らが参照する「先例」の一つはインド北東のメーガーラヤ州のものである。そこでは先住民のカーシ族が耐久性のある木製の橋を建てているのだが、それは「インドゴムノキの根を、川の急流を横切って少しずつ誘導し、そして木の幹を根で水から遮断することによって建てられている。もしも都市建設業者がメーガーラヤ州の橋を建てる人に従っていたら、地球上でもっともダイナミックな有機的組織体を自分たちの思い通りに持つことができることになっただろう。微生物は、大規模でたくましい物理的構造を含むことのできる持続可能なエコシステムをデザインしそこに貢献することのできる実践を一〇億年のあいだしてきたが」、それは、「脱水と、微生物に敵対する物質による攻撃からの防壁となるバイオフィルム」を形成することによってである[22]。未来に関するこのような条件付きの見解のさらなる例としては、先住民の学者であり環境哲学者でもあるクリスティン・ウィンターがいるのだが、あとで詳しく検討することになる論考で、彼女は自分自身を、「Ngāti Kahungunu、Ngāti Pakeha の女性で、今はオーストラリアのシドニーと呼ばれているところにある、割譲されることもなければ盗まれることもないガディガル・カントリーから書いている」と評する。ウィンターは私たちに、先に私たちが出会うことになった「もしも」の流儀で、「マルチスピーシーズ正義」と「関係性」についての先住民の思想を検討することを勧めている。「もしもマルチスピーシーズ正義（ＭＳＪ）が社会と政治と経済の関係性を改めて設定し直すとしたらどうだろうか。ＭＳＪはどのような未来を生じさせるのだろうか[23]」。

こういった主張があたかも種子のようにして地上へと落ちていくのだが、人間のあいだの意見の相違のおかげでそこは肥沃になっている。キースのプロジェクトをピンカーが支持するとき、それは、フレデリック・ネイラによる、ジオエンジニアリングに対する思慮深くて人間味があって考え抜かれた批判に出くわすことになる。その批判は、「人間が一歩身を引き〔自分らが影響を与えているものから〕いくぶんかの距離を確保するための能力」を獲得していくことに賛意を表するのであるが、その立場においては、人間とその「環境」のあいだにあるとされる、継ぎ目なき連続性が想定されていない[24]。ウィリアムスとザラシーヴィッチは、生物学的に建造された建築物を「発生期のテクノロジーとして」承認しつつ、「今のところは、何人かの個人と企業の精一杯の努力があるのにもかかわらず、私たちの消費のパターンは、生物圏における寄生動物とよく似たものにとどまっている」ことに同意する。彼らはこう書いている。「この条件を診断するのは簡単である。治療方法を見出すのは簡単ではない[25]」。このエネルギーへの依存状態の兆候となるのはソーラーパネルと電気自動車だが、それらは今日の環境問題への偉大なる解決としてしばしば大袈裟に宣伝される。だがそれらは解決ではないと、我らが著者たちは言う。電気自動車とソーラーパネルのためのバッテリーは、コバルトやテルルのような希少な金属を必要とする。これらの物質は、海底から、「巨大な吸引装置を使用するか、ときにデリケートなエコシステムを引き裂くバケットの循環連鎖を使用することで」集められる。彼らは付言する。もしこれが続くなら、「海と土地には、有機体の貧弱になった集合体が（少なくとも）何十

万年も存在することになり」、大量絶滅を「不可避」にする。(26)

ウィリアムスとザラシーヴィッチは、近代と近代化の一定の構造と歴史に根ざすジレンマを明確にしている。そこでは、様々な形態のエネルギーを入手する必要があるということが正当化されるが、その道理的な根拠が導き出されるのは、豊かな社会および階級からではないし、消費主義的な生活スタイルを明らかに自分らの都合優先で防衛するといったことからでもない。もちろんそのような問題があるにせよ、そこで根拠とされるのはむしろ、惑星に住み着いていて、都市で生活する者たちの比率がますます増えつつある(今では半分にまで増えている)状態にある、近年の八〇億の人間の生活を支えることが求められるということである。歴史的にいうと、エネルギーを利用することは人間の数の増大に帰結し、そして私たちは今ではその増大した数を維持するために一層のエネルギーを必要とするというようにして議論は行われている。人工肥料の問題について考えてみよう。「ハーバー・ボッシュ法(一九〇九年に開発された)により空気から窒素を取り出すこと」を、ウィリアムスとザラシーヴィッチは、「先カンブリア紀の遙かなる深みにおける、シアノバクテリアによる、酸素を放出する光合成に帰結した進化上の大躍進」になぞらえる。「いずれの過程も大量の植物組織で利用可能なエネルギーを増大させる遍在的な物質を用

いた」。だが、彼らが指摘するように、そこには決定的な違いがある。「アンモニアを作り出すために、それ（ハーバー・ボッシュ法）は太陽の再生可能なエネルギーを使うのではなく化石燃料の際限のない源泉を用いる。この人工的に固定された窒素のうちのいくつかは土地から逃れ、川と湖と海のエコシステムを過剰に窒素まみれにし、そうしてそれをことごとく荒廃させる」(27)。だが、この環境を破壊するテクノロジーの革新がなければ、世界には、増大する人間を養うことが困難であっただろう。そして、私が若かった頃のインドは、もしも一九六〇年代後期の「緑の革命」がその状況を救うことがなかったとしたら、飢餓とまではいかなくても大規模な食糧危機のせいで困ったことになったはずである。

絡み合いと差異——近代、後期の近代、非近代

批判する人は、私たちの時代の矛盾そのものから逃れることはできるのだろうか。だが、前世紀におけるポストコロニアルの契機と、最近になって多くのところで発される、複数の学術の専門分野とアカデミアを脱植民地化せよという呼び声のあいだの、はっきりと現れつつある分断の名の下に、その諸矛盾の外側に立とうとする試みもある。「脱植民地的な介入に対するポストコロニアルの応答」の著者たちは、この分断を次のようにして論じ

ている。

ここ（脱植民地の批評）では、ポストコロニアル理論は西洋的な理論のもとへと組み込まれ、その欠陥を共有するものとみなされるようになっている。そうやって、脱植民地の批評はしばしば、ポストコロニアル理論を、ヨーロッパ中心主義に対する本質的にヨーロッパ中心主義的な批判として位置付けている。ポストコロニアリズムをポスト構造主義および脱構築と密接に関連させることが、この批判では手掛かりになる。この議論によると、ポストコロニアルな思想家が、ジャック・デリダやミシェル・フーコー、ジャック・ラカンのような著者へと密接に関与にすることで、ポストコロニアルの領域を、西洋とヨーロッパ中心主義的な正典の特殊な分野に転じていく。それが行き着くところまでいくと、これはその目的を「裏切ったもの」として理解されることすらある。(28)

デボラ・ダノウスキーとエドゥアルド・ヴィヴェイロス・デ・カストロの、説得力があって考え抜かれた著作である『世界の終わり』は、惑星的な気候変動を相手にするためには、学術の専門分野が実際どれだけ「脱植民地化」されるかという問題への、つまりは、ヨーロッパあるいは西洋の思想からどれほど自由になことができるかという問題への、すばらしい入口を提供してくれる。ダノウスキーとデ・カストロはその主張を、巧みな明確さと知的な厳密さで提示する。その本は二〇一四年にポルトガル語で刊行され、それから二〇一七年に英語で刊行された。[29] この本の中心にあるのは二つのことである。まずは、人間に起因する気候変動をめぐるあらゆる政治につきまとう多数性の問題――すなわち、一と多のあいだの衝突――であるが、さらに（西洋の）科学の権威の問題であり、それをめぐる論争の問題である。私もその著書のなかに登場するが、すなわち、生物学的な概念である「種」を私が二〇〇九年のエッセー「歴史の気候――四つのテーゼ」のそもそものバージョンで展開するのを彼らが拒絶するところにおいて登場する。ちなみにこのエッセーは、今では修正され、『惑星時代における歴史の気候』に再録されている。[30] 実際の議論の様子はここでは重要ではない。私がはっきりさせたいのは、この本の議論で中心となる彼らの批判を構成する二つの点である。私が強調したいと思った二つの要素を含む一節は次のようにして書かれている。すなわち、ダノウスキーとデ・カストロは近代と近代化に批判的であり、科学を政治的に批判する。

人新世の名の由来であるという名誉（もしくは不名誉）に値する唯一の候補者を拒否することから始めなくてはならない。［E・O・］ウィルソンの種の観念を拒否するのは、ちょうどチャクラバルティの議論で言われるその現象学的な微妙さゆえのことではなくて、むしろ、それが自然に関する近代の政治的でもなければ歴史的でもない概念に従属し、裁定者としての科学の絶対的な力に従属するものであるからだ。だが、近代的な普遍性を同じようにして具現化した古典的な左派の革命的な大衆も、気候変動に取り組むという課題に見合うものではない。大衆の解放は、近代化に向かう前線が一般化し増大していくことにかかっているが、それは、理論的な水準（自然と理性の崇拝）においてだけでなく、実践的な水準（環境破壊）においてもそうである[31]。

「自然に関する近代の政治的でもなければ歴史的でもない概念」と「裁定者としての科学の絶対的な力」は、批判の二つの対象とされる。ダノウスキーとデ・カストロはさらに書く。「人々の集中的かつ拡大的な多数性としての「人間」の本来的に民族政治的な状況は、人新世の危機と直接的に関係しているものとして認識されねばならない。もしもそこで人間的な利害関心が明示されていないとしたら、それは、様々な世界の人々あるいは文化が他の人間ならざる行為者および人々（これがラトゥールのいう「集団性」を構成する）と多様に政治的に連携しているからで、それが普遍的な人間の手前勝手な代弁者に反対しているからである」[32]。

この批判の趣旨は、デ・カストロが彼の以前の論集である『食人の形而上学』で宣言した知のプログラムと連続している[33]。それは人類学を「思考の脱植民地化の永続的実践」にすることであった[34]。彼のいうアメリンディアンの「パースペクティブ主義」とその「多自然主義」に関する想像力に富んだ読解と分析にもとづくこの脱植民地化のビジョンは、人間と世界のいずれをも「一つにならないもの」と捉えたのであるが、それでもそこには、「私たちが多数の仮説的な様態と呼ぶものにしたがって、未来において統一が起こりうるという見通しがある。ただしその統一は、ラトゥールのいう「諸世界の戦争」がひとたび布告されたとき交渉するための能力に左右されることにはなるのだが[35]」。

デ・カストロの著作が明言し、そして彼がしばしば説明しているように、この「脱植民地化の思考」という特殊な様態の発想の由来のほとんどは、ドゥルーズとガタリの「野蛮人」「原始人」「リゾーム」そしてノマドといった思想にかかわる仕事が一九六八年五月の出来事の後に続いたフランス思想に与えた爆発的な影響からのものである。そのときフランスは、労働者階級と学生の叛乱者の革命的な蜂起によって動揺し、激烈な市民生活の不穏状態と経済および政治的な不安定化が何週も続くことになり、正統派の共産主義が根底から問い直されることになった。デ・カストロは書いている。「私たちの世代にとって、ジル・ドゥルーズの名は、一九六八年の時期を特徴づけた思考における変化をすぐさま喚起するのであるが、そのときに、私たちの同時代の文化的な知覚作用のいくつかの重要な要素が作り出された。この変化の意味、帰結、そしてその現実性が、いまだに激しい論争を引き起こしている」[36]。彼は自分自身の著作である『食人の形而上学』を、ドゥルーズの主張である「多数性の理論を提唱し論証するもの」として紹介するが、ドゥルーズは「最近の人類学において大いなる反響をもたらすことになり」、何よりもまずラトゥールの『虚構の「近代」──科学人類学は警告する』におけるその近代批判に影響を与えた[37]。デ・カストロが、ラトゥールの著作のタイトルを踏まえて説明しているように、「多数性の概念が思考可能なものになり、さらに人類学によって思考可能なものになるとしたら、それは私たちが、全体と部分が対応せず、ゆえに普通に理解できる状態を超えた世界に今では入りつつあるからで、そこで私たちは、けっして近代的であることがなかった。それは、一と多のあいだの従前からあるいまいましい区別を、対立物をいっそう高い次元へと高めていくというよりはむしろただ無関心であることによって雲散霧消させるのであるが、それでもこの区別は、あまりにも多くの二元論を支配し、そこには人類学的な二項区分やその他の多くの区分が含まれる。多数性をつうじて思考するのは、国家に対抗して思考することである[38]」。そしてさらに次のように言う。「多数性は、巨大な統一体のようなものではなく、上位にある複数性や統一体のようなものでもない。むしろそれは、全体から部分を減じることで得られる、一よりも過少のものである（したがって、ドゥルーズにおけるマイナー、マイノリティ、マイナーになることといった思想が重要であるということになる）[39]」。

デ・カストロとダノウスキーの著作でもドゥルーズとガタリの著作でも、先住民は特権的な位置を占めており、多数性の転覆的な原理の独自の審級であるが、そこでそれは、帝国主義のヨーロッパを典型とした歴史と近代化の静止的な観念に対する絶対の「他者」のようなものを具現すると考えられている[40]。デ・カストロは、「多数性をつうじて思考するのは、国家に対抗して思考することである」と書いている[41]。重要な脚注で、デ・カストロは、自分はこの文章をピエール・クラストルを思い出しながら書いたと述べている。というのも、クラストルは、「『アンチ・オイディプス』の思想から何かを作り出す方法を知っていた比類なきフランスの人類学者の一人であったというだけでなく、『千のプラトー』

のプラトー一二と一三で展開された戦争機械の理論の発想源の一人でもあったし、今もなおそうだからである」[42]。実際、ドゥルーズとガタリの『アンチ・オイディプス』のテクストがそこで中心的なものと見立て展開することになった対立軸のうちのひとつが、遊牧的なものと定住的なものであった。ミシェル・フーコーは、この本を「ファシスト的ではない生へと導くもの」と捉えたその序文で読者に、「西洋の思考が、権力の形態および現実への接近法としてあまりにも長く神聖なものとみなしてきた「否定」（法、限界、去勢、欠如、欠落）という旧来的なカテゴリーへの忠義立てから身を引き離すこと」を勧めた。すなわちそれは「肯定的で多数的なものを選ぶことで、一様であることよりは差異を、統一よりは流れを、システムよりは動的な編成を選ぶことである」。そしてこの全てにおいて、「野蛮」や「原始性」といったことを包括した遊牧民の形象が中心的な位置を占めることになった。ドゥルーズとガタリの読者へのフーコーの指示は印象的である。「生産的であるのは、定住的でなく遊牧的であることを信じよ」[43]。

ドゥルーズとガタリは『アンチ・オイディプス』のかの有名な第三章「未開人、野蛮人、文明人」を、次のように問うことで始めた。「優勢であるのはあきらかな資本主義により規定された諸条件」により「普遍的なもの」が終わってしまった後において、人間が「普遍的な歴史」を発生させるのを可能にするのに「十分な無垢さを、どこで私たちは見出すというのか」[44]。ここでいう「無垢」は、二項対立を弁証法的にひっくり返すことではなかった。つまり、「原始的な共産主義」の観念が保持されマルクス主義者の共産制社会の観念へと昇華されることになるという意味での弁証法的転覆ではなかった。なぜなら、ドゥルーズとガタリは、「普遍的な歴史」がつねに「必然性の歴史ではなくて偶然性の歴史である」ということを認識していたからだ。「原始的なシステム」は自己保全的で、その「死はつねに何もないところからやってくる。歴史は偶然性と出会いの歴史である」[45]。普遍的な歴史へと戻る道には同様に「切断と限界」が含まれているが、それはつまり、「かつては起こったことなどなかったような大いなるアクシデントであり、驚くべき出会い」といったことである[46]。だが、「原始的なもの」と「野蛮なもの」は、普遍的な人間の歴史が一般化されていくことに対して批判的な原理を提供してきたのであるが、資本が破壊してきたのはまさにその潜在力であった。そしてそれゆえにドゥルーズとガタリは分節化されていて統治者を欠いた社会に関するエスノグラフィーの文書に長らく関心を抱いてきた。批判的な政治的原理が形成されたのは、遊牧民的なものを、まさにその地球との関係において国家に対抗させていくことによってであった。著者たちは、フリードリッヒ・エンゲルスを引用しながら次のように書く。「国家装置だけが領土に属することになるのだが」、「「なぜならそれが分割するのは人々ではなくて領土だからで」、そして領土の組織化を父系氏族の組織化に置き換えるからである[47]」。しかしながら、「血縁関係が地球よりも優勢であるように思われるところでは、ローカルなつながりが重要であることを示すのは難しくない」。ドゥルーズとガタリは、その理由について次のように論じた。すなわち、「原始的な機械が人々を分割するのだが、そうするのは、分割されえない地球の上においてであって、そこには、それぞれの区域のあいだでの連関的で離接的で結合的な諸関係が他の諸関係と一緒になって刻み込まれている（たとえば、管理人と地球の守り手が、そこで共存するかあるいは相補的になる）」。ただし、国家が分割するのは地球そのものである。「土地に立脚し、そこを居住用に作り替えていく行政管理をつうじて、分割が地球そのものにまで及ぶとき、これを領土化の推進と捉えることはできない。反対にそれは、原始的な共同体へと及ぶ、最初の大規模な脱領土化の運動の効果である。したがって、野蛮なものと原始的なものはじつのところその言葉の厳密な意味でいう唯一の領土的な機械なのだが、それはつまり、国家が存在することに先立つところにおいてそうなのである[48]」。「原始的で分節化された社会」に関するエスノグラフィーの情報は、『アンチ・オイディプス』の第二巻として一九八〇年に刊行された『千のプラトー』の第一二章のノマドロジーの科学に集約されたということはよく知られている[49]。その章の一部（命題二）は、ピエール・クラストルへの心ある異論として書かれているが、それでいて、「思い出への賛辞」としても書かれている[50]。その出発点となるのは前と同様の見解で、すなわち、「原始的で分節的な社会」は、「国家なき社会」であったというだけでなく、国家を寄せ付けることのないものとして積極的に組織化されていたというものである。だがドゥルーズとガタリは、クラストルには同意せず、そのような社会は、それが国家に影響されないでいることを可能にする「自然状態」にあるのではなかったとも主張していた。したがって定住的なものと遊牧民的なものは相互に排除的な二項対立を構成するのではない[51]。「国家の法は、全か無かの法ではなく（国家の社会か反国家の社会かではなく）、内部と外部のそれである[52]」。一方には、多国籍企業や宗教団体のような「巨大な世界規模の機械が存在し」、これが「諸々の国家との関わりにおいて大きめの自律性を享受している」のだが、それとは別に「群れや外れ者やマイノリティのローカルな機構が存在し、それが国家権力の組織に対抗的な分節的な社会の権利を主張し続ける[53]」。これらは一緒になって、国家に対して外的なものを構成するが、ただし二項対立的な外部ではない。そして後者の集団がノマドロジーの原理を具現化し、それを例証するものとなる。

先住民の形象が、ラトゥールの『近代という「虚構」』と『世界の終わり』でのダノウスキーとデ・カストロの脱植民地化の実践に現れるのは、このような思考の領野においてであり、とりわけ、一九六八年五月の勃発のさなかにある、ドゥルーズとガタリの先導的な業績においてである。近代と近代化のグローバルな歴史に関するこの物語では、三つの陣営が創出される。私はそれらを、ダノウスキーとデ・カストロの著作で叙述されているとおりに示すつもりである。というのも、この著作は、『近代という「虚構」』と『ガイアと向き合う』のようなラトゥールの著書との密接な対話的関係のなかで書かれているからである。[54] これらの陣営は、その重要性の順序と私の言葉遣いにしたがって記すとしたら、「原初の近代人」「先住民あるいは非近代人」「後期の近代人（late moderns）」であるということになる。北大西洋の隷属させられた人たちがこの三層の区別のどこに入ることになるかは私にはわからないが、そのうちの代表的なものは、以下の私の議論において現れることになるだろう。今のところは、この三層の区別にとどまることにしたい。私たちは、この三層の図式のなかにいる、先住民の理論的かつ歴史的な系統のことを知っている。それらは「非近代人」とみなされる。だが、原初の近代人は誰で、なにゆえにその人たちはこの図式において「原初的」であるのか。初期の近代人は北西のヨーロッパ人（入植地 settler colonies へと移動した人々も含む）である。なぜなら彼らは「完新世の人間」で、これに反抗するのが地上とのつながりが強い状態にあるもの earth bound（グローバルな温暖化を引き起こしている力に対抗して生きている人たち）で、その地質学的な物語をラトゥールはそのギフォード講義で提示し、それがのちに『ガイアと向き合う』として出版されることになった[55]。ダノウスキーとデ・カストロがラトゥールの著書について説明しているように、これらの「人間」は、「よく知られているように近代人で、つまりそもそもは北のヨーロッパ人なのだが、次第にヨーロッパ人だけでなく、中国人やインド人やブラジル人もそうなっている」[56]。原初の近代人が原初的であるのは二つの意味においてである。彼らは最初に「近代的に」なり、後になってはじめて彼らは、「東と南では、他の人々が彼らの教訓をとてもよく学んでいて、近代化への意志と責任を自分たちで担うことになるのだが、その人たちなりの恐るべきやり方でそうしていたということを」発見する[57]。したがって、東と南における近代化の担い手としての中国や日本やインドやブラジルなどの人たちは、二つの意味で原初的でない。彼らが原初的でないのはその先行者としてのヨーロッパ人と後になって一緒になるからである。ただし、それだけでなく、「原初的」という言葉の語源——源や始まりを意味しているラテン語の origo に由来する——が示唆するように、彼らが派生的で、ぼんやりとしたコピーであるという意味で原初的ではない。

ダノウスキーとデ・カストロは、非近代人の総数と比べたときの原初的ではない近代人の人口統計上の数の多さに気づいている。「最近の国連先住民問題に関する常設フォーラムの推計（二〇〇九年）によると、世界の七〇もの国に広がる」先住民は三億七〇〇〇万であるが、これは「おおよそ三五億人（種としての人間の半数と推計される）が私たちの「テクノロジー的に構築された大都市」に集住し、さらに注目すべきことにそのうちおよそ一〇億人が「テクノロジー的には構築されているとはいえないスラム」に住んでいることとの関連でいうと、ほとんどどこにもいないといっていい[58]」。だがそれが人口統計上のマイノリティであるのにもかかわらず——あるいはそうであるがゆえに——、ダノウスキーとデ・カストロの説明では、「非近代人」が担うことになる道徳的かつ政治的に重要な役割はその総数とは比べものにならないほどのものである。理由は単純である。近代人は、それが原初的であろうと後からのものであろうと、今や大惨事に帰結してしまった誤ったプロジェクトを代表している。「自然への特権化された利用経路が保証されていることを理由に、近代人は自らを文明化する力とみなし、強情な人々を説得し、共通の世界（単一の存在論的でコスモポリティカルな体制）の旗のもとへと馳せ参じるよう説得するが、そこが近代人の世界であったというのは偶然ではない[59]」。

グローバルな温暖化という科学的事実はここで問題にならない。なぜならデ・カストロとダノウスキーが述べているように「私たちはグローバルな温暖化と進行しつつある環境の崩壊が起きているかどうかをめぐっては論争していない」からである。「これらは科学の歴史においてはよく報告されている現象で、気候の大惨事が人為に由来することに関しては科学者のあいだではそれほど顕著な意見の相違はない[60]」。この知識が拡散されていくのは人々を善なるもののほうへと転向させるうえでは「重要な要因」であるとすらいえる。だが、近代人のプロジェクトでは人間を一つにまとめることなどもはやできない。「すべてが一つになるとしたらそれは、未来において、つまりは大惨事以後の世界において起こることになる[61]」。善なるものへと向かう力を備えているのは「「どうしようもないほどにまでマイナーな」人々以外の何ものでもないはずで」(ドゥルーズのいう意味でのマイナー)、それは「西洋の民主主義の「亡霊的な公共性」ではなく、むしろドゥルーズとガタリが語る集団である、欠けている人々に似ている。それはカフカとメルヴィルのいうマイナーな人々であり、ランボーのいう「劣った種族」であり、インディアンに生成する哲学者なのだが、すなわち来るべき人々であり、「現在に対する抵抗」を行うことができ、「新しい地球」、来るべき世界を創出することのできる人々である」[62]。「先住民の人々のどちらかといえば少ない人口と「相対的に弱い」テクノロジーと地球における多くの他の社会経済的なマイノリティが決定的に優位になり、頼みの綱となるのは」、「大惨事以後の時間、あるいはずっと減退していく人間世界」においてである[63]。

今や問われるのは、人間が自分たちの惑星的な環境危機から逃れるための方法を探すにあたって、先住民の人々の思考と実践が知的かつ実践的な頼みの綱となりうるかどうかではない。そうであるのはもちろんのことで、ダノウスキーとデ・カストロの著作だけでなくその他の人の著作も私たちにいかにそうであるかを示してくれる[64]。だが、ダノウスキーとデ・カストロの人類学的な思考の「永続的な脱植民地化」を実行する方法が――彼らの発想源であるドゥルーズ的な伝統と同じく――、日本、中国、アフリカのような、後から革命的に近代化を進めた人たちだけでなくフランツ・ファノンのような人も抱いた解放への夢に結びつくことがないのは興味深い。ついでにいうと、インドのダリト〔不可触民〕の偉大なる近代の指導者であるビームラーオ・ラームジー・アンベードカルも、かつてインドの社会が自由と平等と友愛の原則に完全に基づき樹立されるのを公に求めた点でそのような夢を抱いた人と言えるのだろうが、ダノウスキーとデ・カストロの方法はこれとも結びついていかない[65]。そうではなく、これらの後期の近代化の推進者は、原初的ではなくて派生的であると考えられていることから、原初的なヨーロッパ近代の物語によってすでに説明されてしまっていると考えられている。だが、その説明は、ドゥルーズとガタリとともに議論を続けるのであれば、近代を、アジアとアフリカにおいて実現させた切断、非連続性、偶然性を無視することになるのではないか。実際、そこで人々の生活がヨーロッパの権力の支配とレイシズムによって影響されたことには疑いの余地がないものの、それでもインドのような多くの場所ではヨーロッパによる入植植民地支配のジェノサイドともいえる論理が実際に発動されることはなかったのである[66]。すでにみてきたように、アジア（そしてアフリカとラテンアメリカの一部）の歴史がなかったら人間の歴史が大加速に突入することはなかっただろうし、その複雑さに、つまりはつねにドゥルーズとガタリ以上に歴史学者的でもあるフーコーが「私たちの直接的で具体的な現在性」と呼んだものに至ることもなかっただろう[67]。

ダノウスキーとデ・カストロはヨーロッパと先住民の思想の絡みあいを自分たちの著作だけでなくドゥルーズとガタリの著作を使うことでも説明するが、私には、それはヨーロッパ思想と先住民の分断を際立たせるいくつかの最近の議論を前にしたとき有益なものと思われる。彼らは私たちに、ドゥルーズとガタリの文章ではヨーロッパと先住民の思想の双方が折り重なり、ラテンアメリカと南アジア、アフリカでヨーロッパ人が行うエスノグラフィーへの関心から、遊動性と多数性の原理に到達するということを示してくれる。翻って、ダノウスキーとデ・カストロは、一九六八年五月が作り出したフランスの思想の世界における騒乱のなかにいるのであるが、そこで得た絡み合いの興奮させる感覚を、アメリンディアンが世界へと向けるパースペクティブについてのきわめて刺激的な考察に転じていった。そのすべてが、気候変動の意味をめぐる人文科学での現在の議論にとってとても有益である。

　だが、彼らが、「先住民の人々のどちらかといえば少ない人口と「相対的に弱い」テクノロジーと地球における多くの他の社会経済的なマイノリティが決定的に優位になって頼みの綱になることがあるとしたらそれは」「大惨事以後の時間、あるいはずっと減退しつつある人間世界」においてであると言うのを聞くと、気が滅入るとまではいかなくてもはっとさせられる。[68] これは私たちに、大惨事を経ること以外に逃げ道がない現在に直面することを余儀なくさせるが、そこにはジョナサン・リアが「ただの楽観主義」から首尾よく区別した「ラディカルな希望」の余地などはないし、気候変動の高まりつつある危機に対す

る国家の反応の鈍さを前にしたときそれを維持するのが難しくなっていることについては私も認める。(69)

原初の近代、後期の近代、非近代

そもそもなぜ、アジアとアフリカ、ラテンアメリカ、カリブの反植民地的な近代の推進者たる後期の近代の歴史が、ヨーロッパ＝西洋型の原初の近代の歴史へと折りたたまれ、原初の近代が、人類学の「思考の永続的な脱植民地化」を実現するというダノウスキーとデ・カストロのプロジェクトの前提にされてしまうのか。アナ・チンは、松茸というキノコに関する、想像力に富んでいて優雅でグローバルなエスノグラフィーで、「フランスの構造主義の遺産を用いて、それを構造的な論理と対立させるということが」人文科学のいくつかの部門で「科学と先住民の思考のあいだのはっきりとした二項対立を促すことになった」ということに、正当にも気づいている。(70) このような知をめぐる問題への手がかりを、エリック・ディーン・ウィルソンが、エアコンとさらに一般的にいうなら冷媒がグローバルな温暖化の削減に対して突きつけてくる面倒なことをめぐる、情報量が多くて賞賛に値する著作で知らずして提供している。(71)

ウィルソンは、オゾン層に二〇世紀の「穴」を作り出すのに先進国（主にアメリカ）が果たした歴史的な役割を認識している。彼はまた、いくばくかの不安とともに、中国やインド、インドネシアのような人口の多い国家でエアコンの人気が高まっていることにも気づいている。「それにもかかわらず、もしも中産階級の安楽さ――そのなかでも、何百万もの新しいエアコンが最重要といえるが――への要望がアメリカの中産階級のそれに匹敵するものになるとしたら、インド、中国、インドネシアのような場所の一部だけでなく世界の残りの場所もまた今世紀の終わりには住むことができなくなるという予感に私は怯《ひる》んでしまう。再生可能エネルギーへと全面的にグローバルに移行することで、このような先例のないエネルギー消費の水準を支えることができるといった信念を裏付ける証拠はほとんどない(72)」。

だが、ウィルソンには、この問題に関して彼が先進国に負わせていると思われる責任と同程度の責任をインドや中国、インドネシアに負わせるだけの覚悟ができていない。彼の批判の主な標的が、アメリカ合衆国と他の先進諸国による冷媒の浪費的な使用であるのは理解できるが、彼の議論では、台頭しつつある経済大国の指導者には、これとの関連で自分たち自身が下す決定に関して西洋のエリートよりも責任があるということにならない。

ウィルソンがあからさまに批判するのは次の事実である。「一定の水準の快適さと安全性がインドと中国の住民にも享受できるようになると、アメリカと大半のヨーロッパが一緒になって、「発展途上の世界」の欲望を、種の生存や惑星の安全性、グローバル経済の損傷や連帯といったことを引用しつつ短期的だといって批判した。その退廃的な習慣の大半が、アメリカ合衆国が排出量を下げよといびるまさにその国家の市民の労働力によって維持されてきたのにもかかわらず、その習慣を標的とする、実効力のある連邦主義的行動が行われることはほとんどなかった」(73)。

ウィルソンが、危険な冷媒の量が増えていくことに関するグローバルな歴史を書こうとしているのはあきらかなのだが、その歴史の主題は、非難し責任を負わせていくというこの配分をめぐる「正しさ」である。インドと中国は、その人口の規模と近代化へと向かう推進力ゆえに、グローバルな温暖化の未来を決定することになる。だが、過去のいっそうの罪業を負うべき者は西洋の諸国家で、その大々的な歴史上の責任を免除されることなどありえない。ウィルソンは認めている。「たしかに、「アメリカ的な生活様式」への欲望は、インドと中国の台頭しつつある中産階級にまで広まっていったが、そのうちの何人かは、気候をコントロールし思慮なくエネルギーを使用することが（西洋諸国と）同じようにしてできるようになることを欲している。だがこれは必ずしも、アメリカ合衆国からその責任の重荷のいくらかを取り除けることを意味しない。この特殊な欲望の鋳型は西洋で鋳造されたのである」[74]。だが、さらに続く数ページでは、またしても次のように書かれている。「私たちは、アメリカの排出が、インドと中国、インドネシアでのすでに暑い夏をいっそう暑くし、そして暑くし続けていることを思い出すべきである。インドでの熱波は、人工的な冷却装置を、ただ生き残るためにも必要なものにしている。インド人の涼しさへの欲望は高まりつつあるように思われるが、これは少なくともアメリカの排出の長い歴史によって駆り立てられてきたのであって、インドのすでに暑い気候を地獄のようなものに陥《おとしい》れた」[75]。

このウィルソンの議論が、正義の感覚に突き動かされている歴史の一部であるということには疑問の余地がないのだが、それはスニタ・ナラインとアニル・アガルワルが一九九一年の小冊子「不平等な世界におけるグローバルな温暖化——環境の植民地主義の問題」との関連で示した「環境正義」の立場にどことなく近い[76]。だが、このようにして想像される正義の観念そのもののゆえに、歴史学者——この場合、ウィルソン——が、インド人と中国人を温暖化ガスの排出への歴史的な責任から逃れさせるというだけでなく（それは公正なことにも思われる）、インド人および中国人から涼しさへの欲望を奪うことになるのは明らかである。「気候をコントロールし思慮なくエネルギーを使用すること」ができるようになることへの彼らの「欲望」は、「西洋で鋳造され」、「少なくともある程度はアメリカが行ってきた排出の長い歴史により突き動かされている」。これらのさほど重要ではない欲望とその歴史は、かくして、アメリカ合衆国かもしくは西洋の行為と欲望へと折り込まれその一部になるということになる。こういうわけで、後期の近代は、この惑星的な環境危機の歴史においてはさほど重要ということにならない。その欲望と行為性が考慮に入れられることになるのは、自らその度を高めていく、帝国主義的で資本主義的で抑圧的で搾取的で白人的で家父長的でレイシスト的な西洋の歴史によってである。だがこうするのは、その意図が善良であるのにもかかわらず、これらの場所で自律と主権性を目指す、反植民地的で解放的な闘争の精神的な歴史のすべてを否定することに帰結する、徹底的に帝国主義的な行動様式であるということにならないか。

ウィルソンは、キャサリン・ユソフの業績に示唆を得ているが、とりわけその力強くて反抗的な著書である『一〇億の黒い人新世、あるいは無』に影響されている。[77] 彼は、「人間」が今日のような「惑星的危機」に直面したところで、結局のところはそこで問われていることを——ジェイムズ・ボールドウィンの精神にならって——「とんでもないほどにまで物議を醸す」ものと認識することにしかならないのではないかと問うている(78)。それはどの人間であるというのか。ウィルソンは続けて、ユソフの本の一節を引用する。「もしも人新世が、環境汚染の有害性が白人のリベラルな共同体にまで及んでいるということへの突然の懸念を宣告するものであるとしたら、その宣告が行われるのは、汚染の害が、文明や進歩や近代化や資本主義といった見出しのもとで、黒か褐色の共同体へと意図して輸出されてきた歴史に気づくときである(79)」。議論の構成の相同性（同一性ではなく）に注目されたい。ユソフの著作で問われる「害」が文明やその他の似たようなことの見出しのもとで輸出されていくのと同じく、ウィルソンの議論では、中国人やインド人、インドネシア人の欲望は、西洋で「象《かたど》られ」「鋳造された」と言われている。

　ユソフの論争的な表題である『一〇億の黒い人新世、あるいは無』は読者を、妥協の余地なきあれかこれかの選択肢に直面させる。つまりは、これかあれかの問題で、交渉の余地はなく、繰延と差異の中間地点の模索の余地などありえない。デリダであれば、「この表題はどことなく暴力的で、論争的で、糾問的である」というだろう(80)。だが表題は、この歴史叙述の要点を暴露している。これは戦争としての歴史であるが、つまり、暴力的に屈服させられ、収奪され、その土地と労働の、人種的特徴に基づく差別化と植民地主義的な収奪に適合させられ抑圧された人たちのための戦争としての歴史である。その標的は一元化された西洋で、地質学や地球システム科学のような、人種的特徴に基づいて差別化され、植民地化の担い手となる学術の専門分野なのだが、これらは、黒と褐色の身体の層に支えられている。すなわち、その身体の、石炭まみれの顔で行われる苦役労働がもたらす知識によって発展する科学なのである。したがって、この歴史叙述にとっては、戦略上、世界の歴史に関する三つの説明のあいだにある歴史的な差異を無視することが重要になる。すなわち、それはまず、先住民の人口の収奪と死と剝奪に基づく入植植民地の歴史であり、そこでさまざまな形態の奴隷化をつうじて身体が領有されることになる植民地の歴史であり、さらに帝国がインドのイギリス領のような場所で広めた植民地の中産階級と労働者階級の歴史である。この原文叙述は、エリック・ウィリアムズ、ジュリウス・ニエレレ、ガンジー、タゴール、アンベードカルが、「資本主義」「社会主義」「文明」「代表制民主主義」のようなヨーロッパ的な範疇に関与したこと――これが、アドム・ゲタチューが最近になって指摘したように、オルタナティブな「世界形成」の実践をもたらすことになった――を無視することである。(81)

この歴史叙述が、制度の創設にかかわる暴力を、制度の日常における維持存続のために要請される暴力と同じものとして考えるのは、同様の戦略的な関心においてである。「私は人種が、グローバルな世界空間の生産と、白い地質学（あるいは人新世）の実践において明白になる地質学的な統治の体制の創設にかかわるものとして考えることができると主張したい[82]」。言い換えると、この見解では、創設に関わる暴力はそれ自身を日常の暴力として反復する。現在は、自身では変わることのない自己同一性において自らを反復する過去でしかない。かくして、「（進行中の）入植者植民地主義」といった記述が行われることになるか、あるいはカナダからやってきた先住民のフェミニスト学者であるゾーイ・トッドが言うように、「ヨーロッパのアカデミアはカナダにおける「ポストコロニアル」を何かと論じる傾向にあるが、私は皆さんに、私たちはいまだに植民地的なものを変わることなく経験しているということをはっきりさせたい[83]」ということになる。思うに、同様の戦略的な関心は、「移住者」というカテゴリーを拒否することを要請する。そもそもの入植者は、合法的な移住者ではなかった。この人たちがおこなった先住民からの剝奪は、自分たち自身の国家や法、さらにはそれらが発動する暴力によって支えられていた。入植植民地の暴力に立脚している（そしてこれにより維持されている）国家への合法的な移住者は、後に「入植者」になる。先に言及したシドニーに拠点をおくマオリ族哲学者であるクリスティン・ウィンターは自分自身をこう描写する。

私はNgāti Kahugnunu、Ngāti Pakeha womanで、今はオーストラリアのシドニーと呼ばれているところにある、割譲されることもなければ盗まれることもないガディガル・カントリーから書いている。このことで私は、先住民でありながら様々なありようでの入植者にもなる。私はつねに、私の立場性の影響に対して警戒せねばならない。私が存在することで、ガディガルの存在が追い出されることになる。ガディガル・カントリーと私との関係は、ガディガルとカントリーとの関係とは同じではないし、同じにはなりえない。私はこのカントリーからつくられていないし、私の祖先と私の人々の精神はこのカントリーにはないし、このカントリーと一緒に歩んでいない。このカントリーの種族は、私と縁ある者ではない。その生活は私の祖先の生活や私の whenua と絡み合っていない。(84)

ウィンターは「移住者」のカテゴリーを拒否するが、それを支える倫理的な感情ははっきりしている。それだけでなく、彼女は先住民としてアオテアロアニュージーランドを先住民として経験するが、そうなると、オーストラリアの先住民の問題にいっそう敏感にならざるをえなくなる。だが、オーストラリアかアオテアロアニュージーランドへの先住民ではない移住者は、この歴史叙述の枠組みにおいてはどこで描き出されることになるのかと、私は疑問に思う。インドから来てシドニーに行ったダリトの才覚のある「移住者」を想像されたい。その人たちはたしかに、入植者植民地の暴力にもとづく国家の受益者で、その場所における先住民ではない人々の支配を維持するありとあらゆる暴力から利益を得ているといえるだろう。だが、もしも彼らがカーストで支配された社会の元の棲家のバラモンによる抑圧から逃れてどこかに行こうとしているのだとしたら、やはり入植者だと言えるだろうか[85]。あるいは彼らは、「合法的な移住者」という、かつての入植者にはけっしてなることのできなかったものとして識別されることになるのか。あるいは、難民問題という、気候危機がいっそう現実のものにしていく未来像を考えてみられたい。非合法の移民について考えてみよ。それも国連によって認定された公式の「難民」ではなくて、世界のどこかでの抑圧や暴力やその他の力を逃れた難民申請者や漂流難民のことで、つまり、いわばオーストラリアの浜辺にたどり着いた漂流難民だが、彼らは「入植者」のカテゴリーを受け入れるだろうか。私がこれらの問いを提起するのは、現在について考え、そしてその歴史との関係について考えるうえで、それが決定的に重要だからである。私たちは現在を、さまざまな形態をしている過去の構造の延長として考えるだろうか。その場合、デヴィが述べたように、私たちは現在を過去へと引き渡すことになる。あるいは私たちは、ドゥルーズについての議論で考えたように、歴史をさまざまな種類の切断と非連続と偶然を含んだ過程として考えるだろうか。

これらの問題は、ダノウスキーとデ・カストロの「脱植民地化」のプロジェクトで、それのかすかな素描において少しだけ目にした戦闘的な歴史叙述と関連がなくはない。それは、後期の近代を原初の近代の歴史に同化することによって、グローバルな歴史を組織していく歴史叙述である。だが、その外側の立場からの会話において、歴史的および哲学的な差異を横断していくところで、この歴史叙述に関わっていく方法はないのだろうか。というのは、そのような課題は私には、現在のうちにとどまり、さらにそのありとあらゆるややこしい混乱のうちにとどまるというプロジェクトにおいて、決定的であると思われるからだ。

混乱のうちにとどまる——近代化と人間の苦境

地球科学者のウィリアムスとザラシーヴィッチはその著作『宇宙的なオアシス』で、現在の問題を、いっそうの近代化を遂げていく人間に対する苦境と捉えている。彼らは、人間がその歴史において存在しているところと、惑星の気候システムにおける大々的な変化を避けねばならない場合に人間に必要とされることとのあいだに広がっていく溝について語っている(86)。彼らは現在の消費主義的な資本主義的生活様式が維持可能ではないということには疑問を抱いていない。チンが人間の状況を次のように要約するとき、そこには説得力がある。「(受動的で普遍的なものと考えられている自然を近代的に)従順にして支配することのすべてがこのような混乱状態を作り出したのであるが、そこでは地球上の生命が続いていくかどうかなどははっきりしない。異なる生物種のあいだでの絡み合いはかつては寓話の題材のように思われたが、今では生物学者とエコロジストのあいだでの真剣な議論の素材になり、そこでいかに生命が多くの種類の存在者の相互的やりとりを必要とするかが明らかにされている。世界中からやってくる女性と男性は、かつては「(人間としての)男性」にのみ与えられていた立場へと内包されていくことを要求するようになった(87)」。

私たちは今や、リン・マーギュリス、ブルーノ・ラトゥール、ダナ・ハラウェイ、アナ・チンといった人を含めた多くの学者の業績のおかげで、人文科学者のいう「人間」が、時代遅れとまではいかなくても古びたカテゴリーであるということを知っている。個々の人間すらもが、その個々の身体の内側と外側の両方にいる、多くの他の生きている実体や生きていない実体と絡み合っている。だが、ハラウェイとラトゥールとその他の人たちが授けてくれた創造的で力強い科学的寓話があったところで、私たちは、認識論的に受容可能な絡み合った実体としての人間像を、人間の制度的機構——議会、国連、工場、ビジネス、その他——における実効力のある行為体に変容させていくことへと至る実践的な道筋を見出すには至っていない。こういうからといって、私たちの制度的機構のなかに、「自然の権利」にふさわしい議論と立場のための余地を作り出すべく行われてきた諸々の試みを否定することにはならない(88)。だが、私たちの制度的機構は、人間の現象学的な能力に立脚している。それはただ制度的機構であるというだけではない。チンやハラウェイがその著作で提示する、資本主義やレイシズムや男性性に関する簡潔な歴史叙述は、私たちが人間を、その現象学的な孤独さにおいて（資本と労働という、抽象的な人間中心主義の範疇としてお互いに向き合うものとして）想像し、世界を、人間の感覚器官のありとあらゆる能力とその欠陥をもって経験するのでないかぎり、意味をなさない。デ・カストロの革命的な楽観主義によると、気候の大惨事は人間の能力を「これからもずっと減退させるが」、これが人間に別のチャンスを授け、先住民という非近代人の蓄積された叡智を正しく使用することで繁栄することを可能にするということだが、これを裏付けるものは何もない。このような状況は到来するかもしれないが、到来しないかもしれない。

加えて、この近代化のアイロニカルな世界史には、偶然性と偶発的な事態が含まれていないわけでもない。もしも人間の人口が一九五〇年代において安定化するか世界がそのエネルギーへの要請を原子力から調達していたら現在がどれほどまでに違っていたかということを想像されたい。私たちの現状の問題の多くはなおもそのまま存続したが、そこにはさらに、原子炉で真水を使用することからくる危機や核拡散の危険が加わり、核廃棄物の処理の問題が一層深刻化していただろう。だが、温暖化はそれほどのものではなかっただろう。重要なのは次のことである。人間の惑星的な苦境に関する政治は気候正義の問題と取り組むことなくしては存在しないが、根本的にいうと、この問題はただ化石炭素だけでなく、新興の人口の多い国家での「成長と発展」を支えるさらなるエネルギーへの欲望を煽りたてる解放の願いとも関係している。もしもこの欲望をアメリカ合衆国のせいにするなら、地に足のついた現実に私たちが迫ることはない。北インドのハリヤナ州とヒマーチャル・プラデーシュ州の境界にあるシヴァリクヒルズからやってきた村出身の若い女性の願いを記したものがここにある。最近結婚した、二〇代のラダは、二〇一三年にノルウェーの人類学者を相手に、彼女の子供の可能な未来について語った。

> もちろん子供たちは都市生活を望むでしょう。ここの農場での生活はあまりに大変で休む暇なんてほとんどない。都市ではキッチンを持つことができてそこでは立ってご飯をつくることができるし、お店に行ってレストランで食事することもできる。そして都市では、男も女も平等である。いつもヴェールで顔を覆っていなくていい。ここでは、もしも伯父さんが来ようものならヴェイルで顔を覆ってチャイを入れなくてはならない[89]。

この見解ではっきり言われているように、インドや他のところでの持続可能とはいえない都市へと何百万もの人々が引き寄せられるのは身体の安楽のためだけではない。それはこの場合、解放への夢である。たとえ実現されることがなく、あるいは実現の見通しがないとしても、骨の折れる仕事からだけでなく、身体的な苦役の厳しさと地方の生活の不平等と家父長制から解放されたいという夢である。その過程で人間が自分自身を傷つけるのでないかぎり、彼らがよりよく生きることを欲し、あるいは長生きするのを欲することには、道徳的に悪いことなどない。

科学とテクノロジーはこの渇望の一部であるが、それは私たちがそれらを批判すべきではないということを意味しない。ダノウスキーとデ・カストロが行う批判の第二の点、つまりは科学の裁定について考えてみられたい。まず私には、人間の生命がいかに他の生命体や生きていない実体と絡み合っているかということに関する理解を豊かにするのに科学が果たした重要な役割を認めなくてはならないように思われる。一七世紀以来の科学の装置と観測の発展がなければ、私たちは、バクテリア、ウイルス、原生生物のような、人間の直接的な知覚をのがれてしまう微生物的な生命体について何も知ることがなかっただろう。第一章で見てきたように、現在のパンデミックとの私たちの戦いはこの事実を常に思い出させる。第二に、科学とは、近代という結局は悲劇的な歴史を生じさせてしまう歴史的なアイロニーの一部で、地球システム科学すらもがそうなのである。ラトゥールとクリストフ・ボヌイユは、いかなる時代においてであっても流布している、惑星的なものについての多くの思想が存在するということを私たちに思い起こさせた[90]。これは現在についても当てはまるが、過去についても当てはまる。ボヌイユはアルトーグの「歴史の体制」という表現を借用して、さらに有益なことを示唆してくれるが、それによると、惑星的な思考の異なる伝統が存在してきたように、惑星的なものに関する支配的な体制が存在してきた。つまり、いかなる社会においてであろうと存在してきた権力の支えとなることを享受してきた惑星的思想が存在していた[91]。さらに、ESSが、地表の惑星的な温暖化という現在のエピソードが人間に由来するものであることを提起し説明するうえで果たした役割を考えるなら、それが惑星的なものにかんする支配的体制を代表していることを認めるのにやぶさかではない。この科学を可能にした巨額の助成金、さらにはそれが世界の強力な国家や国連やその他の様々な国際機関から得てきた支援を考えてみたらいい。これはまた、この科学を、どことなくアイロニカルにするものでもある。それは冷戦の産物で、この対立がもたらした科学テクノロジーの発展に立脚している。パウル・クルッツェンは、私たちの世代における人新世の思想の先駆者である。彼はかつてそのアイロニーを好意的に解釈したが、彼自身の見解が具現していた人新世の悲劇的なアイロニーには無自覚であったようである。彼はこう述べていた。

私たちがおよぼす否定的な影響のおかげで私たちには世界を理解できるようになる。大気に関する私の研究は、じつに私を戦慄させた。だが最後には私はこう考えた。もしも大気が汚染されていなかったとしたら、私たちはそれに関して何を知ることになっただろうか。そうすることができているのは、汚染が私たちを刺激し、環境の仕組みを研究するための研究助成を促したからである(92)。

クルッツェンの見解は、人間の進歩に関するいかなるプロメテウス的見解をも支持するものではない。それどころかむしろ、それとは逆のことを考えさせる。それはまた、いかなる種類の知識を科学が生産することになるかを定める権力と支配の構造を否定するものでもない。彼が研究助成に言及していることに注意されたい。気候科学がさして助成金をえていないとしたら気候科学は今とは異なるものになっているだろうし、だからこそそれは、研究助成の政治に従っている。だが生産された知は、その生産に関する、採択の手続きと決まりごとを経たものでなくてはならない。科学におけるコンセンサスが存在するのは、そのすべてが、新しい調査結果によって正当性が問われることになるからだが、なぜなら科学におけるコンセンサスの確立は、人文科学における専門領域という、絶え間なき意見の不一致と学問上の対立が続きそもそもコンセンサスなど目指してはいないところでそれを確立することにもまして、大変だからである。ユソフの「白人地質学」やベルナルド・コーンの「植民地の知識」に対する先駆的な批判があるのはわかるが、それでももしも科学がすべて「人種的特徴に基づき」「白人的で」「西洋的である」のだとしたら、世界的な科学者が植民地の出身者から現れてくる現象をどうやって説明するというのか(といってもそれは、非西洋の科学者が被ってきた、人種的特徴にもとづく差別の契機を否定することを意味しない)[93]。あるいは、私自身の専門の場合でいうと、多くのインド人の歴史学者が、西洋で確かに始まり植民地化と支配の一部分としてインドに到来したその専門の教えを実践することで得てきた快楽をどうやって説明するというのか[94]。この場合、「虚偽意識」や「ものまね人間」(ナイポールを想起するなら)は、どうしようもなく的外れである[95]。

グローバルな近代化の歴史は、何らかの原罪として作用していて歴史の偶然に影響を受けることのないものとして想像されるような、自然と社会の基礎づけ的な構造主義的分離から変わることなく発生しているのではない。さらに、今日の「脱植民地」の立場と、かつて「ポストコロニアル」と考えられていた立場は、いずれもがつねにすでにヨーロッパ思想と絡み合っているのであるが、そのあいだの違いがなんらかの「高次の」総合において融和されるということなどありえないことに私は同意する。重要なのは、ハラウェイと先住民の哲学者から表現を借用して言うなら、知的に、そして歴史的な差異を超えて類縁性をつくりだすこと（make kin）だと私には思われる。

知的に類縁性をつくりだす

この本を、最初の章で私が行った提案に戻ることで終えることにしよう。それはすなわち、政治的なものを、周縁的で偏狭なほどにまで人間的なものとして受け入れるということである。政治的なものは、人間的な現象学に立脚していて、したがって意見の不一致に立脚している。それは人間を、複数のもののあつまりとして考えている。この複数性を逃れるすべはない。だがそれでも、単一の地球システムが人間の日常性へと侵入するということは、この複数性そのものを、緊急の政治的争点にする。それが緊急であるのは、人間には、人間社会の移行に関してIPCCが策定するさまざまなシナリオとそのグローバルな「炭素予算」に関する推計が想定する単一の惑星的な行程表に基づいて行動することができないように思われるからだ。人間たちが、地球システムの科学者が「一つ」のものとして想像する惑星を「多数」のものへと分裂させていくことは、十分にありうる。だがこれはまた、極端な気候の出来事が増えていくのにともなって気候に関係する悲劇も増えていくことを意味し、それに強襲されるのは、世界で不利益な目に遭っていて貧しい者ということになる。多様で対立し合う人間の集団が、提示された惑星的な行動の行程表のまわりで一緒になるとしたら、それはどのようにしてであろうか。私は、対立している立場との類縁関係を作り出し、誰であれ他の人とは完全には一緒にならないだろうということを理解するという思想が、こういったわけのわからない時代において私たち自身を導くにあたって何らかの役にたつことを期待する。一つの政治的主体として役目を果たすことの可能な人間でできた「私たち」は存在しないが、他方では、この危機において、ンベンベがジャン゠リュック・ナンシーにならって「共同における存在」と呼ぶものをめぐってなすべきことがまだ残されている(96)。

チンとロビン・ウォール・キマラーのような学者は、近代世界の発生にとって不可欠であった何らかの知的な絡み合いの存在を指摘することによって、行くべき道を示している。たしかに、チンはときどき私たちの注意を「(科学的な)概念と物語(科学的な寓話)」のあいだにおいて作り出される障壁に向けているが、彼女の考えでは、それは「不幸な世界」に帰結した(97)。だが彼女の著書はまた概念と物語のあいだでつづく弁証法的な対立を説明している。そしてそれだけでなく、たとえばプレートテクトニクスの科学でのように、概念と物語の二つがそこで切り離されることのない物理学の多くの側面が存在する。たしかに、入植植民地での攻撃と暴力による先住民の人々のジェノサイド的な剝奪を否定することはできないし、人類学や歴史学やさらには文学さえもが、異なった植民地支配の形態のいたるところで果たした役割を否定することもできない。私たちは、人新世について層位学者が考えていることを考えるよう要請されているときであっても、「一〇億の黒い人新世」のことを認めなくてはならない。だが、人間が異なる時間と場所で発展させてきた諸々の知識の間には、切れ目と断層線があるとはいえ、深い隔たりは存在しない。

ロビン・ウォール・キマラーの美しい著作『植物と叡智の守り人』は、異なった知の実践を超えて類縁性を作り出すことについて、示唆に富む説明をしている。[98] 彼女は熟達した植物学者である。読者はこの本を開くと、「乳白色」のキノコがある朝「松葉の腐葉層からにょっきりと、暗闇から光の中に顔を出して、途中でついた水滴がまだキラキラと光っている」のを彼女が論じ、「プポウィー Puhpowee」という単語を発しているのを目にするだろう[99]〔訳書七〇頁〕。キノコは彼女に、植物学という科学をつうじて見えてくる世界との関係について考えさせ、そして彼女がその「失われた」最初の言葉をつうじて同じキノコに迫るときそれがいかに異なっているかについて考えさせる。彼女が述べているように、その植物学という言語は「流暢」である。彼女は科学を拒絶しない。植物学という科学は彼女に「念入りな観察に基づき、小さな部位の一つひとつに名前を与える詳細な語彙」の言語を授けてくれる。彼女が言うには、科学は「見る力を磨く」。だが、「そこには何かが欠落している……科学はときに、一つの存在をバラバラの部品に分解してしまう、よそよそしい言葉だ」。この言語は「正確」だが「文法に大きな落ち度がある。何かが欠けている。その土地がもともと持っている言葉を科学の言葉に翻訳するときに、大事な何かが失われてしまったのだ[100]」。

キマラーが「失われた言葉を最初に味わった」のはプポウィーという言葉を彼女が口にしたときであった。「アニシナアベの民族植物学者、キーウェイディノクウェイが書いた本の、ネイティブアメリカン（ポタワトミ族という、五大湖の周囲に住んでいた人々）に伝わるキノコ類の使い方に関する論文の中でたまたまこの言葉を見つけたのである」。彼女は、プポウィーが、「一夜にしてキノコを土から立ち上がらせる力」と訳されていると説明する。「植物学者として、私は驚いてしまった」とキマラーは書く。

初めて目にするこの言葉の三つの音節の中には、湿った朝に森の中で間近に見たことのプロセス全体が含まれているのがわかった――それは、英語にはない理論を形作っていた。この言葉を作った人々は、すべてのものに生命を吹き込むエネルギーが満ち満ちたこの生物界を理解していたのだ(101)。

この経験によってキマラーは、彼女自身の言語を求め学び直そうとすることになったが、それを耳にする機会は他の何百もの先住民の言語の多くと同じく、「自分の部族の言語で話すことを禁じられた寄宿学校で、インディアンの子どもの口から洗い流されてしまった(102)」。

私はキマラーの思考に何か普遍的なものがあるとは主張していない。私が主張するのはそれが模範的だということである。彼女は教えてくれる。彼女は、現実の深刻な諸々の差異を超えていかにして語るかを、自分の事例を用いて示してくれる。それは彼女自身の内に存在する諸々の差異である。すなわちそれは、訓練を受けた生物学者としての自己と、先住民としての彼女自身のあいだでの差異である。これこそが、気候変動の高まっていく危機を前にして「共に存在すること」に関わる政治である。キマラーは、植物学の科学と故郷の先住民の知識とのあいだに類縁性を作り出すことが可能であるということを証明している。知的に類縁性を作り出すことは、差異を消去したり同一性を作り出すことにはならない。絡み合いと同じく、それのおかげで私たちは、内において知的に複数的になることができるようになるが、それはつまり、ホミ・バーバがかつて「「内における」差異[103]」と呼称したものの危険なまでの快楽に身を委ねることである。

結尾

ポストコロニアル思想と脱植民地的な思想とヨーロッパ思想の歴史的な絡み合いにささやかながらもこうやって敬意を表してこの本を終えることにする。気候変動は多次元的な難題であるが、人間の歴史は人間の利害関心の複数性をその本質とするものであるため、資本主義を覆すとか、近代を捨て去るというような、すべてを一挙に変えようとする解決策には、実際のところ従うことのないものである。帝国主義的な西洋の自己拡大的な歴史を傍におくとしても、そのような立場は、いわゆる西洋の外側で起きた近代および近代化へと深く広範に関与してきたという事実を受け入れるのに失敗している。だが、すべてを一挙に変えようとする解決策が実践的な点ではあまり有益でない一方で、それらはしばしば私たちに、社会と生活を徹底的に異なるやり方で想像することを可能にしてくれる。マルクスの共産主義社会のユートピアや、ガンジーがその「ヒンドゥ・スワラージ」で行った「産業化と西洋文明」への批判は、今では「先住民」の標徴のもとで取られている知的で批判的な立場に近くて、これらを欠いてはどうしたら世界が完全に異なるものになりうるかを想像するのはむずかしい(104)。ダノウスキーとデ・カストロの著作が存分に明らかにしているように、これらの立場とともに考え、そこから考えるのはいいことである。同時に、近代への世界規模での専心と近代化への欲望を、解放への欲望――最初はヨーロッパで始まり、今ではありとあらゆるところにある――から切り離すのは不可能である。だが、これらすべての歴史的文化的な断層線は、気候のせいでますます圧迫されていく世界で対処されねばならず、そこではいかなる実践的なテクノロジー的方策も――ソーラーパネルから電気自動車、さらには気候のエンジニアリングも――完全であるようには思われない。

だが惑星は、少なくとも地球システムの科学者にとっては一つである。彼らは惑星の気候システムを一つのものとみなしている。人間は多くて、多数のやり方で分断されているが、それでも連関している。類縁性をつくることは、差異の周囲に、そして差異を超えて連関を作り出すことである。それを私たちがどれだけ早くつくることができるかが、人間の政治が私たちの時代の惑星的な挑戦に対してどれほどまでに相応しいものとなりうるのかを決定することになるだろう。

謝辞

気候変動についての研究をするなかで私は、知的なこと、さらには別のことに関しても、あまりにも多くの人にお世話になってきたので、そのすべての名を挙げることはできないし、私が受けた恩恵の詳細を記すのも不可能である。二〇二一年の著作『惑星時代における歴史の気候』で感謝を捧げた同僚と友人には、その後も続けて一緒に考えていたので、さらなる感謝を捧げよう。さらに今度は、その本に関する公式および非公式な批判的討論へと私を関わらせてくれた、世界中の友人と同僚の多くに感謝する。彼らはまたもあまりにも多くて一人一人名を挙げるのは不可能なのだが、その本を超えたところで私が考えるのを助けてくれたのは彼らの委細な質問であった。

本書は、その友情と感謝の意を込めて三人の友人に捧げられているが、そのうちの一人は今や悲しいことに亡くなってしまった。ブルーノ・ラトゥールとの公私にわたる対話と議論の痕跡はおそらく本書のいたるところに刻み込まれている。この本が印刷されているのを彼が目にしないというのは、私にとっては長らく続くことになる、悲しい出来事である。人々をその友情の圏域内へと誘いつつ不同意や論争をも楽しむという稀な才能が彼にはあったが、それは彼の一生よりも長く続くことになるだろう。私の研究は、彼の暖かい友情と知的な寛大さから、とても多くの恩恵を受けている。フランソワ・アルトーグも、ものすごく多くを学びそして好奇心のある学者で、歴史的な時間に関する私たちの思想の今日における主要な建設者のうちの一人なのだが、彼が思考し書いたものをこの五年か六年にわたって寛大にも分け与えてくれた。彼の友情は私の人生をとても豊かにしてくれた。さらに私はこの機会に、私たちの時代のもう一人の重要な思想家であり学者であるエチエンヌ・バリバールから多年にわたって励まされてきたことに大いに感謝したい。私はいつも彼の研究から学んできたし、「歴史の気候――四つのテーゼ」がまだ草稿の状態だったときにいただいた批判的で寛大で情熱的な意見を私はけっして忘れないだろう。生物学的な種の概念とマルクスのいう「類的存在」のあいだの差異について考えるよう最初に促したのはまさしくバリバールだった。そして彼はそのときからこの研究を励ましてくれた。

ラミー・タルゴフとスー・ラミンには、この本を終わらせるよう促しながらその完成を辛抱強く待ってくれていたことを感謝する。一〇年以上も私をとらえてきた一連の問題に関する私の思考を拡張するための機会を与えてくれたことにはとても感謝している。私の友人で研究助手であるジェラード・シアリーはほぼ一〇年になる私の知の旅路を共にしてくれた。私は彼がアカデミックでテクニカルな面で助けてくれて示唆を与えてくれたことに感謝する。出版のための査読者にはその建設的な批判をしてくれたことに感謝し、メーガン・マイケル・ネンドンサにはその編集上の示唆を与えてくれたことに感謝する。

最後に、私の人生において、その愛と支えがなければ私の人生と研究などは不可能であった二人に感謝を言うことができるのを嬉しく思う。すなわち、私の妻であるロコナ・マジュンダールと息子のアルコ・チャクラバルティに感謝する。さらに私は、私の人生で重要な他の二人を情愛とともに思い出す。すなわち、リミとカヴェリの二人だが、その各々の癌との戦いは悲しくも終わったものの、彼らのこの本への影響はなおも進行中であった。

本書での論考は、私が以下のジャーナルで発表したものに立脚している。すなわち、*The American Historical Review*、*Contributions to Indian Sociology*、*Daedalus*、*the*

Journal of the Philosophy of History である。

第一章は、*Contributions to Indian Sociology* の特別年次講演における報告で、それがこのジャーナルの五五巻三号に掲載された。それに多少の変更を加えたものが本書に収録されている。第二章は、ブルーノ・ラトゥールとの紙媒体での対話（二〇二〇年に刊行された）で私が書いたものに基づき、それを拡張したものである。その表題は“Conflicts of Planetary Proportions—A Conversation,”で、次のジャーナルに掲載された。*the Journal of the Philosophy of History*, volume 14, issue 3. 第三章はまた、二〇一一年に刊行された *American Historical Review*, volume 116, issue 3 に収録されている私の論考“The Muddle of Modernity”のなかのいくつかの段落を組み込んでいる。そして第三章の一部は、二〇二二年に刊行された *Daedalus: The Journal of the American Academy of Arts and Sciences*, volume 151, issue 3 所収の論考（“Planetary Humanities: Straddling the Decolonial/Postcolonial Divide”）に基づいている。ここでこれらのいくつかをもう一度使うことの許可を、これらのジャーナルの編集者や出版社から得られたことに私はとても感謝している。

訳者あとがき

本書は、ディペシュ・チャクラバルティ Dipesh Chakrabarty の *One Planet, Many Worlds: The Climate Parallax*, Brandeis University Press, 2023 の日本語訳である。チャクラバルティは、一九四八年生まれの、インド出身の歴史学者である。現在、シカゴ大学教授。日本語訳に『人新世の人間の条件』（早川健治訳、晶文社、二〇二三年）、論文に「急進的歴史と啓蒙的合理主義」（臼田雅之訳、『思想』一九九六年一月）、「マイノリティの歴史、サバルタンの過去」（臼田雅之訳、『思想』一九九八年九月）、「気候と資本」（坂本邦暢訳、『思想』二〇一八年三月）などがある。もとはといえば、ベンガル地方の労働運動史やサバルタン研究から出発したが、それの一区切りと言える『ヨーロッパを周縁化する』*Provincializing Europe: Postcolonial Thought and Historical Difference*（2000）の刊行後、二〇〇三年にオーストラリアで発生した山火事に衝撃を受け、人間に由来する気候変動の問題に関心を持つようになる。その後、科学論文で提唱された人新世の学説をいかにして人文科学の課題として引き受けるかという問題関心から「歴史の気候」（二〇〇九年）を書き上げ、これが『クリティカル・インクワイアリー』に掲載されるや、人新世の人文学の先駆的提唱者として注目を集めるようになった。そこでチャクラバルティは、パウル・クルッツェンが二〇〇二年に発表した「人類の地質学」での、二酸化炭素の排出や土地造成や森林伐採やダム建設が地球のあり方を変え、今後の気候がこれまでの安定的な状態とは異質な、不安定的なものになっていくという趣旨の議論を、人間の存在条件の根本的な不安定化を科学の側から指摘したものと捉え、「人間の歴史と自然の歴史の境界区分の崩壊」「近代およびグローバリゼーションに関わる人文科学的な歴史観の変容」「資本主義に関するグローバルな歴史を人間という種の歴史と対話させること」「歴史的な理解の限界」というテーゼを、人文科学の根本的な問題として提起した。そして、「歴史の気候」以降書き継がれた論文の集大成が、『惑星時代における歴史の気候』*The Climate of History in a Planetary Age*（2021）である。

本書は、チャクラバルティの説明にもあるように、『惑星時代における歴史の気候』で論じたことの縮約版と言えるが、二〇二〇年初頭より始まったコロナウイルスパンデミックの経験を踏まえたうえでの議論でもある。それは第一章「パンデミックと私たちの時間感覚」で論じられている。なお、この章の原型となったのは、二〇二〇年一〇月九日にオンラインで公開された記事「パンデミックの時代なのか?」"An Era of Pandemics? What is Global and What is Planetary About COVID-19" (https://critinq.wordpress.com/2020/10/16/an-era-of-pandemics-what-is-global-and-what-is-planetary-about-covid-19/) で、この日本語訳は『現代思想』二〇二一年一〇月号に拙訳で掲載されている。

本書は、『惑星時代における歴史の気候』でははっきりしていなかった状況(人新世的状況)がいかなるものとなりうるかまで射程に入れた、予言的な著作と考えることができるだろう。実際、二〇一〇年代後半以降はとりわけ夏にはかつてないほどの高温になり、世界各地で山火事が発生するのが常態化しつつあるが、これに関しても、「歴史の気候」で記されていた「資本主義の危機とは違い、富裕層や特権層にとっても救命ボートはもはや存在しない(オーストラリアでの旱魃や、カリフォルニアの富裕な地域での近年の山火事に注目されたい)」という見解からも明らかなように、気候危機は地球において人間の生存条件を掘り崩していく事態で、それはグローバルノースとグローバルサウスの違いや階級差のような「人間の世界の事情」とは無関係に発生するということを見通すものであった。さらに、本書でも繰り返し述べられているように、チャクラバルティの議論は、地球システム科学を中心とする自然科学で進展中の人新世に関する研究状況を常に参照している。ゾルタン・サイモンがそのレヴュー論文 "The Anthropocene and the Planet," (*History and Theory* 62, no. 2, June 2023, 320–333) で指摘するように、「人新世の観念を、地球システム科学でのその概念化と使用の文脈から切り離すのは難しい」ということに自覚的だということだが、このことゆえに、資本新世の議論やエコ・マルクス主義のような社会科学的な議論と違ったものになる。『惑星時代における歴史の気候』では、はっきりと次のように書かれている。地球システムが明らかにするのは、「資本主義的なグローバリゼーションのプロジェクトの終焉ではなく、グローバルなものが人間に対して惑星的なものの領域を開示することになる、歴史における一つの瞬間の到来である」。チャクラバルティが独自なのは、この「惑星的なもの」を参照しつつ、「人間の条件」に関する哲学的・歴史的考察という人文社会科学の問題に関する新しい視座を提唱しようとするところにある。彼はこう述べる。「惑星は、この惑星がそれを天文学と地質学の研究の対象として示すだけでなく、生命の歴史を内包するきわめて特殊な事例としても示すところに属しているが、そこで、これらの次元のすべてが、空間と時間の人間的な現実をはるかに超過している」。チャクラバルティの議論は、人間の生活様式を、人間によって直接経験可能な領域を超えたところにおいて、その一部として住み着くものとして考えてみるということを可能にする。

かくしてチャクラバルティの議論は、人新世という人類史的な変化の状況における新しい人文学のための基本書として読まれることになるだろう。そこで人間がなおも生きていくには、この状況に関する新しい思考、感じ方、論じ方が求められることになる。そのためには、この状況の理解の妨げになる古い思考、古い感受性から逃れ、別の仕方で世界を感じ、思考することが求められる。本書は、人新世という現実が、そこで生きている人間にとって意味することが何であるかを考え、そこで求められることになる人間の存在の仕方がどのようなものであるかを考えることを促すものとなるだろう。実際、チャクラバルティの著作への関心は、広い意味での知的公衆にまで及んでいる。それはたとえばブルーノ・ラトゥールが関わった美術展である『クリティカル・ゾーン』でラトゥールと対談を行っていることからも明らかである。『自然なきエコロジー』の著者であるティモシー・モートンが二〇一二年の著作『ハイパー・オブジェクト』ではじめて人新世を論じたとき言及したのもチャクラバルティであった。モートンのブログによると、実際に初めて会ったのは、二〇一二年九月であった（https://ecologywithoutnature.blogspot.com/2012/09/well-that-was-fun.html）。

じつをいうと、私がチャクラバルティのことを知ったのは、モートンを通じてであった。二〇一六年の夏、ヒューストンでモートンと話したとき、最初私はそのエコロジー思想に関してモートンは、「今本当に重大な思想的課題は人新世で、そのようなことを考えている人間の一人がチャクラバルティだ」と返答し、そこから人新世、さらにはトランプ現象に話が展開したのをよく覚えている。ちなみに、チャクラバルティも、モートンとヒューストンで会ったことが印象的だったそうで、「人間を超えたものとしての惑星」といったアイデアは、モートンのいう「ハイパー・オブジェクト」と通じるものといえるだろう。ただし、チャクラバルティはそれを「ビック・データ」と同じものと捉えているため、モートンのいう「不気味なもの」を捉え損なっている。

チャクラバルティの「歴史の気候」を本格的に読み始めたのは二〇一六年の年末、つまりそのようなものを読解し文章を書くことが自分にとって何になるのかわからない状況に自分がおかれていたときのことで、だからこそ、チャクラバルティがその冒頭で、アラン・ワイズマンの著作を引用しつつ、気候変動においてまず念頭におくべきであるのは「人間がこの世から消滅することの可能性だ」と述べているのを読んだとき心の底から理解できるように思えた。そのとき私が考えたのは、「私という人間がこの世から消えたところで地球はあるし、自分以外の人間も、他の生命体も存続する。ゆえに、私がこの世から消えることに、さしたる意味はない」ということだったのだが、人間の消滅は、この世そのものが生きることの難しいところに変わっていくから起こるのであって、その難しさに耐えられぬものから順番に消されていくのだろう、と考えていた。仮に本当に消えることになったとしたら何かを残しておかなくてはならないと私は次第に考えるようになり、それで何を残すかを考えたとき、「チャクラバルティは人新世が人文学の基本を変えると言っているが、そのようなことに気づいている人はまだあまり多くなさそうだ」ということに思い至り、『人新世の哲学』という著作を書いた。そのときは、「歴史の気候」のあとに書かれたいくつもの論考（これらが二〇二一年の『惑星時代における歴史の気候』に収録される）を読み解きつつ、そこで基本的に問われていることが何かを考えながら文章を書いた。

『人新世の哲学』を出したあとも、私はチャクラバルティを追い続けたのだが、二〇一八年の「人新世の時間」("Anthropocene Time," *History and Theory* 57, no. 1, March 2018)と二〇一九年の「惑星」("The Planet: An Emergent Humanist Category," *Critical Inquiry* 46, Autumn 2019)を読んだとき、彼の思考が転回を遂げたことに気づいた。「歴史の気候」でも、人間の生活条件を、人間を超えたものとの関連で考えるという姿勢は示されていた。実際、そこではこう述べられている。すなわち、現在の危機は、人間的な形態における生活の存在を規定する、資本主義や社会主義やナショナリズムといったロジックと直接的には結びつくことのない別の条件を白日の元に晒す、と。二〇一〇年代前半は、資本主義やグローバリゼーション、植民地主義など、チャクラバルティが「歴史の気候」以前に取り組んでいた学問的課題との関連で、自分の議論の独自性を明確にするのが主だったため(日本語訳された「気候と資本」もそうである)、このアイデアが展開されることはなかったが、二〇一〇年代後半には、それが「人間の条件の不安定化」や「惑星における生存可能性」といった問題設定において論じられていく。その到達点が、二〇一九年の「惑星」である。本書は、二〇一七年に行われたブランダイス大学での第五回「マンデル人文学記念講演」を元にしているのだが、つまり、二〇一八年以降の展開は、この講演以後のものといえる。そうしてみると、本書での私の翻訳は、二〇一八年以降のチャクラバルティの展開の背後にあったものを追体験していく作業であったといえるかもしれない。しかも私が本書を訳した二〇二三年の夏（六〜八月）の日本国内の平均気温は一八九八年の統計開始以来最高で、「平年より一・七六度高く、これまで最も高かった二〇一〇年（平年比プラス一・〇八度）を大きく上回った」年と言われている。そうしてみると本書の翻訳で私は、チャクラバルティが書いたことが現実のものとなっていくのをただ確認していたということもできる。

そしてチャクラバルティの翻訳をしつつ私は、二〇〇〇年代をつうじて実感してきた人間生活の条件の崩壊の問題を、エコロジカルな問題の一部として考えることができることをも確認していく。じつは、チャクラバルティは、惑星的な規模での変動のなかで発生している人間生活の困難の問題に無関心どころかそれを真剣に考えている。二〇一二年の論文「ポストコロニアル研究と気候変動の挑戦」（"Postcolonial Studies and the Challenge of Climate Change," *New Literary History*, Volume 43, Number 1, Winter 2012, pp. 1–18）で、チャクラバルティは、マイク・デイヴィスが『スラムの惑星』で提示した生活条件の崩壊の問題に注意を向ける。それは、都市と農村のあいだにおける境界的な領域の形成という問題状況と連動するが、これに関してチャクラバルティは、次のように論じる。

今日においてそれは、無国籍で非合法の移民、出稼ぎ労働者、難民認定申請者の条件を創出する、国民国家の編成だけの問題ではない。それは、植民地以後の発展の不均等性によってもたらされた、貧しい国家における資本のグローバル化と人口の圧力によって産出される、深刻な状況である。マイク・デイヴィスの「スラムの惑星」や南アフリカのダーバンでの掘立て小屋居住者の運動であるアバフラリ・バセムジョンドロ（Abahlali baseMjondolo）の文書の読者であるかはともかくとしても、今日の資本主義が、たいていは「余剰人口」として傍に追いやられている、移民の、しばしば非合法の労働者の巨大な貯蔵池のおかげで栄えているのはあきらかである。その過程では、これらの集団から、あらゆる社会的便益やサービスを剝奪されるが、それでいてその労働が、発展していて成長しつつある経済におけるサービス部門の稼働にとって決定的に重要になっている。同時に、難民や難民認定の申請者は、経済、政治、人口、環境といった要因のすべてと結びつく、国家の失敗によって産出されている。これらの集団は、今日のサバルタン階級であるが、それが一緒になって、人間の条件を否定的なかたちで、つまりは剝奪のイメージとして体現している。（p. 7）

人間の条件を否定的なかたちで体現するというのは、チャクラバルティが「歴史の気候」で述べたことと連動している。社会サービスを剝奪され、居住地を剝奪されていくことを、「生存可能性の剝奪」と捉えるのであれば、気候変動において、山火事や海面上昇で住む場所を追われていくことと同じことといえるだろう。ここで問われるのは、安定性を欠いた状態で生きるよりほかなくなっているとはいえ、それでも生きているのであれば、人間はどこかにおいて存在し、集まっていく。それはいったいどのようなところなのか。さらに、そこはどのようなところとして、形成されていくのか。チャクラバルティが指摘するように、その場所は、剝奪された状態にある人間が集まるところなのだが、そこに関して考えることは、人間の条件をその極限において考えることを意味する。すなわち、何もかもを奪われた状態であっても生きていかざるを得ないという、極限的なところでなおも生きていくことを可能にするものがあるとしたらそれは何かという問いとともに考えることである。

このような極限的状態と直面し、それを経験することは、国民国家の枠組みを前提とするのでは思考できない領域において自分が生きていること、それを超えた広がりのなかにあるものとして生きていると考えることにつながっていく。だから、チャクラバルティが

「惑星的」という言葉を使うとき、それはただ地球システム科学で言われる単一の惑星を意味するのではなく、そこにおいて住み着くことを可能にする多数の場所のようなものの条件を意味すると考えるのが正しいだろう。それは、国境や言語の区別を超えたところにある、共通の領域のことで、そこで多種多様な人間が住み着き、相互に交流し合い、一緒に生きていくための関係性の領域を形成していくことになる。

多様で対立し合う人間の集団が、提示された惑星的な行動の行程表のまわりで一緒になるとしたら、それはどのようにしてであろうか。私は、対立している立場との類縁関係を作り出し、誰であれ他の人とは完全には一緒にならないだろうということを理解するという思想が、こういったわけのわからない時代において私たち自身を導くにあたって何らかの役にたつことを期待する。(本書一八一頁)

チャクラバルティがこう述べるとき念頭にあるのは、ロビン・ウォール・キマラーの内において、植物学者として訓練を積んだ人間が語る近代的な言語と、先住民としての記憶の奥底にある、世界との密接な関わりの中で得られた言語が共存している状態、つまりは、

「内における差異」である。違うもののあいだにおいて、その差異を消去せず、知的に類縁性を作り出すという実践が、地震や山火事が続発し、局地的な戦争も多数発生してしまっている世界の未来を想像するためにも必須であるということだろうか。この結論からいえるのは、自然科学の成果を参照しつつ議論を組み上げてきたチャクラバルティも、結局は自分の知的活動の源泉となった人文科学の可能性を諦めていないということである。

本書の翻訳作業中、三原芳秋氏にはいくどもお世話になった。訳語や訳文で不安なところに関する質問事項に対して丁寧な答えを返してくれた三原氏に感謝する。三原氏が、チャクラバルティの盟友であるアミタヴ・ゴーシュの『大いなる錯乱――気候変動と〈思考しえぬもの〉』の日本語訳（以文社）を刊行していたということも、私には励みになった。そして、今回も編集を担当してくれた人文書院の松岡隆浩氏に感謝する。『人新世の哲学』を書いたときの担当でもあった松岡さんにはそれ以降もチャクラバルティがいかに大切かを何かと話していた。今回このようなかたちで翻訳できたのも松岡さんのおかげである。

二〇二三年一〇月一八日

篠原　雅武

(97) Tsing, *The Mushroom*, 158–59.

(98) Robin Wall Kimmerer, *Braiding Sweetgrass: Indigenous Wisdom, Scientific Knowledge, and the Teaching of Plants* (Minneapolis: Milkweed Editions, 2013).〔『植物と叡智の守り人』三木直子訳、築地書館、2018年〕

(99) Kimmerer, *Braiding Sweetgrass*, 48. 100. Ibid., 48–49.

(100) Ibid., 48–49.

(101) Ibid., 49.

(102) Ibid., 49.

(103) Homi K. Bhabha, introduction to *The Location of Culture* (London: Routledge, 1994), 13.

(104) Karl Marx, *Economic and Philosophical Manuscripts of 1844,* trans. unknown (1932; repr. Moscow: Progress Publishers, 1958)〔『経済学・哲学草稿』城塚登、田中吉六訳、岩波文庫、1964年〕; M. K. Gandhi, Hind Swaraj (1909) in Gandhi, *Hind Swaraj and Other Writings*, ed. Anthony Parel (Cambridge: Cambridge University Press, 2009).

History 14, no. 3 (2020); Christophe Bonneuil, "Der Historiker und der Planet — Planetaritätsregimes an der Schnittstelle von Welt-Ökologien, ökologischen Reflexivitäten und GeoMächten," in *Gessellschaftstheorie im Anthropozän*, ed. Frank Adloff and Sighard Neckel (Frankfurt: Campus Verlag, 2020), 55-94.

(91) Bonneuil, "Der Historiker," 73-74.

(92) Christian Schwägerl, "'We Aren't Doomed': An Interview with Paul Crutzen," in Möllers, *Welcome to the Anthropocene*, 36.

(93) 私はとくにインドの古植物学者である Birbal Sahni (1891-1949) のことを考えている。彼が中国の科学者である Hsü Jen (1910-1992) と共同して「アジア」の古植物学を探求したことについては次の文献を参照のこと。Arunabh Ghosh, "Trans- Himalayan Science in Mid-Twentieth Century China and India: Birbal Sahni, Hsü Jen, and a Pan-Asian Paleobotany," *International Journal of Asian Studies* 19, no. 3 (May 2021): 1-23, https://doi.org/:10.1017/S1479591421000292. 次も見よ。Ashok Sahni, "Birbal Sahni and His Father Ruchiram Sahni: Science in Punjab Emerging from the Shadows of the Raj," *Indian Journal of History of Science* 54, no. 3 (2018): T160-T166, https://doi.org/10.16943/ijhs/2018/v53i4/49539/. コーンが植民地的に関する知識について行なったすばらしい批判については、次の文献を参照のこと。Bernard S. Cohn, *Colonialism and Its Forms of Knowledge* (Princeton: Princeton University Press, 1996).

(94) ランケに触発されたインドの歴史家の事例については私の次の著作を参照のこと。*The Calling of History: Sir Jadunath Sarkar and His Empire of Truth* (Chicago: University of Chicago Press, 2015).

(95) ホミ・バーバがその著作で行っている「擬態」に関する批判的な議論はここでもいまだに有効である。(*The Location of Culture* (London: Routledge, 1994))

(96) Achille Mbembe, "Proximity without Reciprocity," in *Out of the Dark Night: Essays on Decolonization* (New York: Columbia University Press, 2021), 101:「グローバルな規模で、とりわけ差異を共有するという行為において形成される「私たち」のようなものが存在する」。

(London: Routledge, 1992), 4.〔『法の力　新装版』堅田研一訳、法政大学出版局、2011年〕

(80) Jacques Derrida, "Force of Law: The 'Mystical Foundation of Authority,'" in *Deconstruction and the Possibility of Justice*, ed. Drucilla Cornell, Michel Rosenfeld, David Gray Carlson (London: Routledge, 1992), 4.

(81) 次の文献を参照のこと。Adom Getachew, *Worldmaking After Empire: The Rise and Fall of Self-Determination* (Princeton: Princeton University Press, 2019); Ashis Nandy, *The Intimate Enemy: Loss and Recovery of Self after Colonialism* (New Delhi: Oxford University Press, 1983); Dipesh Chakrabarty, *The Crises of Civilization: Exploring Global and Planetary Histories* (New Delhi: Oxford University Press, 2018).

(82) Yusoff, *Black Anthropocenes*, 21 (強調はユソフ).

(83) Zoe Todd, "An Indigenous Feminist's Take on the Ontological Turn: Ontology' is Just Another Word for Colonialism," *Journal of Historical Sociology* 29, no. 1 (March 2016): 14.

(84) Winter, "Value of Multispecies Justice," 255.

(85) 次の記事での議論を参照のこと。Ajantha Subramaniam and Paula Chakravarti, "Why is Caste Inequality Still Legal in America?," *New York Times*, May 25, 2021, 最終アクセスは2022年７月30日、www.nytimes.com/2021/05/25/opinion/caste -discrimination-us-federal-protection.html/.

(86) Williams and Zalasiewicz, *The Cosmic Oasis*.

(87) Tsing, *The Mushroom*, vii.

(88) 次の文献での議論を参照のこと。Seth Epstein, "Rights of Nature, Human Species Identity, and Political Thought in the Anthropocene," *The Anthropocene Review* (2 May 2022): https://doi.org/10.1177/20530196221078929.

(89) Aase J. Kvanneid, "Climate Change, Gender, and Rural Development: Making Sense of Coping Strategies in the Shivalik Hills," *Contributions to Indian Sociology* 55, no. 3 (2021): 407.

(90) 次の文献を参照のこと。Bruno Latour and Dipesh Chakrabarty, "Conflicts of Planetary Proportions," *Journal of Philosophy of*

92, 129, 131.

(66) 入植植民地的な実践のジェノサイド的な論理については次の文献を参照のこと。Patrick Wolfe, *Traces of History: Elementary Structures of Race* (London: Verso, 2016).

(67) Michel Foucault cited in Naoki Sakai, *The End of Pax Americana: The Loss of Empire and Hikikomori Nationalism* (Durham, NC: Duke University Press, 2022), 177.〔『ひきこもりの国民主義』岩波書店、2017年〕

(68) Danowski and de Castro, *Ends of the World*, 95.

(69) 次の文献の3章を参照のこと。Jonathan Lear, *Radical Hope: Ethics in the Face of Cultural Devastation* (2006; repr., Cambridge, MA: Harvard University Press, 2008)。

(70) Anna Lowenhaupt Tsing, *The Mushroom at the End of the World: On the Possibility of Life in Capitalist Ruins* (Princeton: Princeton University Press, 2015), 305, n.12.〔『マツタケ』赤嶺淳訳、みすず書房、2019年〕

(71) Eric Dean Wilson, *After Cooling: On Freon, Global Warming, and the Terrible Cost of Comfort* (New York: Simon and Schuster, 2021).

(72) Wilson, *After Cooling*, 338.

(73) Ibid., 336.

(74) Ibid., 336-37 (強調はチャクラバルティ).

(75) Ibid., 338 (強調はチャクラバルティ).

(76) Sunita Narain and Anil Agarwal, *Global Warming in an Unequal World: A Case of Environmental Colonialism* (New Delhi: Centre for Science and Environment, 1991).

(77) Wilson, *After Cooling*, 17; Kathryn Yusoff, *A Billion Black Anthropocenes or None* (Minneapolis: University of Minnesota Press, 2018).

(78) Wilson, *After Cooling*, 17.

(79) Ibid., 17; Yusoff, *Black Anthropocenes*, preface, xiii (強調はチャクラバルティ). 80. Jacques Derrida, "Force of Law: The 'Mystical Foundation of Authority,'" in *Deconstruction and the Possibility of Justice*, ed. Drucilla Cornell, Michel Rosenfeld, David Gray Carlson

(44) Deleuze and Guattari, *Anti-Oedipus*, 139.
(45) Ibid., 195.
(46) Ibid., 140.
(47) この箇所は、以下の著作を参照している。Friedrich Engels, *The Origin of the Family* (New York: International Publishers, 1942).
(48) Deleuze and Guattari, *Anti-Oedipus*, 145–46.
(49) Gilles Deleuze and Félix Guattari, *A Thousand Plateaus: Capitalism and Schizophrenia*, trans. Brian Massumi (1987; repr. Minneapolis: University of Minnesota Press, 1991; 最初はフランス語で1980年に刊行された).〔『千のプラトー　上中下』宇野邦一ほか訳、河出文庫、2010年〕
(50) Deleuze and Guattari, *A Thousand Plateaus*, 357.
(51) Ibid., 359.
(52) Ibid., 360.
(53) Ibid.
(54) Bruno Latour, *Facing Gaia: Eight Lectures on the New Climatic Regime*, trans. Catherine Porter (Cambridge: Polity, 2017; 最初はフランス語で2015年に刊行された).
(55) Latour, *Facing Gaia*, 251.
(56) Danowski and de Castro, *Ends of the World*, 92–93 (強調はチャクラバルティ).
(57) Ibid., 91.
(58) Ibid., 96.
(59) Ibid., 91.
(60) Ibid.
(61) Ibid., 90.
(62) Ibid., 94–95.
(63) Ibid., 95 (強調はチャクラバルティ).
(64) 私がここで参照するのは次の諸氏 (Danielle Celermajer, Christine Winter, Jeremy Bendik-Keymer, Julia Gibson) の研究だが、恥ずかしいことに、私がこれらを知ったのは最近のことである。
(65) デ・カストロの永続的な脱植民地化については注34を参照のこと。さらに次の著書の第二章をも参照のこと。B. R. Ambedkar, *The Annihilation of Caste* (Jalandhar: Bheem Patrika Publications, n.d.),

Climate of History in a Planetary Age（Chi- cago: University of Chicago Press, 2021）。

（31）Danowski and de Castro, *Ends of the World*, 90（強調はチャクラバルティ）.

（32）Ibid.

（33）Eduardo Viveiros de Castro, *Cannibal Metaphysics*, ed. and trans. Peter Skafish（Minneapolis: Univocal Publishing, 2014; 最初はフランス語で2009年に刊行された）.〔『食人の形而上学』檜垣立哉、山崎吾郎訳、洛北出版、2015年〕

（34）Ibid., 48（強調はチャクラバルティ）; さらに次の見解も参照のこと。「人類学には、思考の永続的な脱植民地化の理論と実践であるという新しい使命を完全に受け入れる用意ができている」（40）。

（35）Danowski and de Castro, *Ends of the World*, 90. See「パースペクティヴィズム」あるいは「多自然主義」に関しては、次の文献の2章と3章を参照のこと。de Castro, *Cannibal Metaphysics*, chapters 2 and 3。

（36）De Castro, *Cannibal Metaphysics*, 97.

（37）De Castro, *Cannibal Metaphysics*, 108. Bruno Latour, *We Have Never Been Modern*, trans. Catherine Porter（Cambridge, MA: Harvard University Press, 1993; 最初はフランス語で1991年に刊行された）. 私との私的な会話でラトゥールは自分の思考がドゥルーズに影響されたと述べていた。

（38）De Castro, *Cannibal Metaphysics*, 108–9.

（39）Ibid., 110.

（40）次の文献を参照のこと。Gilles Deleuze and Félix Guattari, *Anti-Oedipus: Capitalism and Schizophrenia*, trans. Robert Hurley, Mark Seem, and Helen Lane（Minneapolis: University of Minnesota Press, 1983; 最初はフランス語で1972年に刊行された）, chapter 3, 139–53, 217–22.〔『アンチ・オイディプス　上下』宇野邦一訳、河出文庫、2006年〕

（41）Ibid., 109.

（42）Ibid., 109 n. 64.

（43）Michel Foucault, “Preface,” to Deleuze and Guattari, *Anti-Oedipus*, xiii. 44. Deleuze and Guattari, *Anti-Oedipus*, 139.

Möllers et al. (Munich: Deutsches Museum and Rachel Carson Center, 2014), 17.

(15) Williams and Zalasiewicz, *The Cosmic Oasis*, 138.

(16) Pinker, *Enlightenment Now*, 39.

(17) Ibid., 142 (強調はチャクラバルティ).

(18) Walter Benjamin, "Franz Kafka: On the Tenth Anniversary of His Death," in *Illuminations*, ed. and intro. Hannah Arendt, trans. Harry Zohn (1973; repr., London: Fontana/Collins, 1982), 133.〔「カフカ」『ボードレール他五篇　ベンヤミンの仕事２』野村修訳、岩波文庫、1994年〕奇妙な小さな生き物は次の短編に現れる。"Die Sorge des Hausvaters" [The Cares of a Family Man], これは最初次の著作で刊行された。*Ein Landarzt* [A Country Doctor] in 1919.

(19) Pinker, *Enlightenment Now*, 53: "A long life is the ultimate blessing." ピンカーの気候工学に関する議論としては以下を参照のこと。Ibid., 153–54.

(20) Pinker, *Enlightenment Now*, 154–55 (強調はチャクラバルティ).

(21) Ibid., 153.

(22) Williams and Zalasiewicz, *The Cosmic Oasis*, 151.

(23) Christine Winter, "Introduction: What's the Value of Multispecies Justice?," *Environmental Politics* 31, no. 2 (2022): 255, 256.

(24) Frédéric Neyrat, *The Unconstructable Earth: An Ecology of Separable* (New York: Fordham University Press, 2019), 15.

(25) Williams and Zalasiewicz, *The Cosmic Oasis*, 154.

(26) Ibid., 116. また 148, 149も。

(27) Ibid., 141–42.

(28) Gianmaria Colpani, Jamila M. H. Mascat, and Katrine Smiet, "Postcolonial Responses to Decolonial Interventions," *Postcolonial Studies* 25, no. 1 (2022): 3.　さらにこれと同じ号に収録されている次の文献も参照のこと。Gianmaria Colpani, "Crossfire: Postcolonial Theory between Marxist and Decolonial Critiques," 54–72.

(29) Déborah Danowski and Eduardo Viveiros de Castro, *The Ends of the World*, trans. Rodrigo Nunes (Cambridge: Polity, 2017.　最初はポルトガル語で2014年に刊行された).

(30) 次の著書の第一章を参照のこと。Dipesh Chakrabarty, *The*

自ら担っているのだが、それは今ある権力の系譜や記録を構成することによってである。たとえそれが誰かにその悪の責任を負わせることになるとしても、そうなのである」。

(3) Bruno Latour in conversation with Anders Dunkar in Anders Dunkar, ed., *The Rediscovery of the Earth: 10 Conversations About the Future of Nature* (New York: OR Books, 2020), 16 (強調はチャクラバルティ).

(4) François Hartog, *Chronos: l'Occident aux prises avec le Temps* (Paris: Gallimard, 2020), 311-25.

(5) Michael Warner, *On the Grid: Climate Change and the Utopia of Green Energy* (New York: Oxford University Press, forthcoming).

(6) Mark Williams and Jan Zalasiewicz, *The Cosmic Oasis: The Remarkable Story of Earth's Biosphere* (Oxford: Oxford University Press, 2022), 138.

(7) 次の著作の12章での議論を参照のこと。Pascal Richet, *A Natural History of Time,* trans. John Venerella (1999; repr., Chicago: University of Chicago Press, 2010).

(8) Steven Pinker, *Enlightenment Now: The Case for Reason, Science, Humanism, Progress* (New York: Viking, 2018)〔『21世紀の啓蒙　上下』橘明美、坂田雪子訳、草思社文庫、2023年〕; J. R. McNeill and Peter Engelke, *The Great Acceleration: An Environmental History of the Anthropocene since* 1945 (Cambridge, MA: Harvard University Press, 2014).

(9) Pinker, *Enlightenment* Now, 39-40.

(10) Ibid., 397.

(11) Immanuel Kant, *The Conflict of Faculties*, trans. and introduced by Mary J. Gregor (1979; repr., Lincoln: University of Nebraska Press, 1992), 140-71.〔「諸学部の争い」角忍、竹山重光訳、カント全集18、岩波書店、2002年〕

(12) Steven Pinker, "Progress," part 2 in *Enlightenment Now.*

(13) McNeill and Engelke, *The Great Acceleration*, 41.

(14) Jan Zalasiewicz, "The Human Dimension in Geological Time," in *Welcome to the Anthropocene: The Earth in Our Hands*, ed. Nina

(61) Ibid., 61.
(62) Collingwood, *The Principles*, 56. 63. Ibid., 61.
(63) Alexander, "Historicity", 12, 15, 16, 21-22.
(64) Collingwood, *The Idea*, 212.
(65) Ibid., 216.
(66) たとえば次の議論を参照のこと。C. E. Stamper et al., "The Microbiome of the Built Environment and Human Behavior: Implications for Emotional Health and Well-Being in Postmodern Western Societies," *International Review of Neurobiology* 131 (2016): 289-323. これらは、いかに近代的な都市化が微生物と人間の身体的および心的な幸福感に影響を及ぼすか、それも、「人間がそれと共進化してきた微生物へと曝け出されていくことが減少したことのせいで」そうなるかについての研究である。
(67) Bruno Latour and Peter Weibel, "Disorientation," in *Critical Zones: The Science and Politics of Landing on Earth*, ed. Bruno Latour and Peter Weibel (Cambridge, MA: MIT Press, 2020), 23. アルトーグも、人新世が当惑させるものであることに同意するが、その当惑させる性質はそれがキリスト教的な時間のようではないという事実からのみ由来するのではないこと、それも、それが違うという事実が重要だということにも同意している。彼の次の著作を参照のこと。*Chronos: The West Confronts Time*, trans. S. R. Gilbert (New York: Columbia University Press, 2022; 2020), 226-37.
(68) François Hartog, "Chronos, Kairos, and the Genesis of Western Time," in "The Eighth History and Theory Lecture," *History and Theory* 60, no. 3 (September 2021): 437-38.
(69) Benjamin Bratton, "Geoengineering a Rare Earth (for Rare-Earths)," in *The Planet After Geoengineering*, ed. Rania Ghosn et al., (New York: Actar Publishers, 2021), 15.

第三章

(1) Faisal Devji, "Losing the Present to History," *Modern Intellectual History* (2022): 1-9, https://doi.org/10.1017/S1479244322000117/.
(2) 次の文献を参照のこと。Devji, "Losing the Present to History," 1:「現在の歴史の信奉者たちは、その職務における古くからの役割を

repr., Harmondsworth, UK: Penguin, 1970), 21.〔『歴史とは何か　新版』近藤和彦訳、岩波書店、2022年〕カーの議論は次の著作に立脚している。Benedetto Croce, *History as the Story of Liberty* (New York: Meridian Books, 1955).

(50) Fabien Locher and Jean-Baptiste Fressoz, "Modernity's Frail Climate: A Climate History of Environmental Reflexivity," *Critical Inquiry* 38, no. 3 (Spring 2012): 579–98.

(51) Croce, "The 'History of Nature' and History," in *History: Its Theory and Practice*, 128, 133–34.

(52) Ibid., 134.

(53) Ibid., 134–35 (強調はクローチェ).

(54) Ibid., 128.

(55) Croce, "Nature as History, Not as History Written by Us," in *History as the Story of Liberty*, 290.

(56) J. B. S. Haldane, preface to *Everything Has a History* (London: George Allen and Unwin, 1951).

(57) Haldane, *Everything*, 11.

(58) R. G. Collingwood, *The Idea of History*; R. G. Collingwood, *The Principles of History and Other Writings in Philosophy of History*, ed. and introduced by W. H. Dray and W. J. van der Dussen (1999; repr., Oxford: Oxford University Press, 2003).

(59) 次を見よ。James Connelly, Peter Johnson, and Stephen Leach, eds., *R. G. Collingwood: A Research Companion* (2009; repr., London: Bloomsbury Academic, 2015), 83; R. G. Collingwood to Clarendon Press, 9 October 1934, Ref: Clar 46, LB7274, containing comments on J. [B]. S. Haldane, *The Philosophy of a Biologist* (Oxford: Clarendon Press, 1935). ここで私は、コリングウッドがHaldeneのこの著書の草稿のための査読者だったのではないかと思いを巡らせている。

(60) Collingwood, *The Idea of History,* 210–11. S. Alexander, "The Historicity of Things," in *Philosophy and History: Essays Presented to Ernst Cassirer*, ed. Raymond Klibansky and H. J. Paton (Oxford: Clarendon Press, 1936), 11–26. 61. Alexander, "Historicity," 12, 15, 16, 21–22.

Government (Cambridge: Cambridge University Press, 2001), 18.〔『野蛮と宗教Ⅱ』田中秀夫訳、名古屋大学出版会, 2022年〕

(44) Ibid.

(45) Ibid., 2:107. ボルテールについての議論としては次の文献を参照のこと。Karl Löwith, *Meaning in History* (Chicago: University of Chicago Press, 1949), 104-14; R. G. Collingwood, *The Idea of History*, ed. Jan van der Dussen, rev. ed. (1946; repr., Oxford: Oxford University Press, 2005, 1994), 76-78, 352.〔『歴史の観念　新装版』小松茂夫、三浦修訳、紀伊國屋書店、2002年〕

(46) 次の文献での議論をも参照のこと。Henning Trüper, Dipesh Chakrabarty, and Sanjay Subrahmanyam, "Teleology and History: Nineteenth-Century Fortunes of an Enlightenment Project," in *Historical Teleologies in the Modern World*, ed. Henning Trüper, Dipesh Chakrabarty, and Sanjay Subrahmanyam (London: Bloomsbury, 2015), 3-24.

(47) Peter Wagner, "Autonomy in History: Teleology in Nineteenth-Century European Social and Political Thought," in Trüper, Chakrabarty, and Subrahmanyam, *Historical Teleologies*, 324-38.

(48)「歴史の哲学」という範疇のもとで集められた20世紀の文献の集成としては、次のものを参照のこと。Hans Meyerhoff, ed., *The Philosophy of History of Our Time: An Anthology* (New York: Doubleday, 1959). また、Karl Löwith, *From Hegel to Nietzsche: The Revolution in Nineteenth-Century Thought*, trans. David E. Green (1964; repr., New York: Columbia University Press, 1991).〔『ヘーゲルからニーチェへ　上下』三島憲一訳、岩波文庫、2015-2016年〕人間が、惑星と気候に対して事物のようにして影響を与えているということについては次の文献を参照のこと。David Archer, *The Long Thaw: How Humans Are Changing the Next 100,000 Years of Earth's Climate* (Princeton: Princeton University Press, 2009).

(49) Benedetto Croce, "History and Chronicle," in *History: Its Theory and Practice*, trans. Douglas Ainslie (New York: Russell and Russell, 1960. 最初はドイツ語で1915年に刊行された), 11-26. 次の文献での議論をも参照のこと。E. H. Carr, *What Is History?* (1961;

Modernity at Large: Cultural Dimensions of Globalization (Minneapolis: University of Minnesota Press, 1996).〔『さまよえる近代』門田健一訳、平凡社、2004年〕
(35) Dipesh Chakrabarty, "The Climate of History: Four Theses," *Critical Inquiry* 35, no. 2 (Winter 2009): 197-222.
(36) 次の文献を参照のこと。Jacques Derrida, *Rogues: Two Essays on Reason*, trans. Pascal-Anne Brault and Michael Naas (Stanford: Stanford University Press, 2005).〔『ならず者たち』鵜飼哲、高橋哲哉訳、みすず書房、2009年〕
(37) この危機に関する先見性のある見解としては、次の文献を参照のこと。Zoltán Boldizsár Simon, "(The Impossibility of) Acting Upon a Story We Can Believe," *Rethinking History* 22, no. 1 (2018): 105-25. 一般的に受け入れられた歴史についての哲学に関するラトゥールの見解は、次の文献で示されている。Bruno Latour and Dipesh Chakrabarty, "Conflicts of Planetary Proportions," *Journal of Philosophy of History* 14, no. 3 (2020).
(38) 次の文献を参照のこと。Reinhart Koselleck, Futures Past: *On the Semantics of Historical Time*, trans. Keith Tribe (1979; repr., Cambridge, MA: MIT Press, 1985), 28.
(39) Niccolò Machiavelli, *Discourses on Livy, trans. Ninan Hill Thomson* (1883; repr., New York: Dover, 2007), 245-46.
(40) Edward Gibbon, *The Decline and Fall of the Roman Empire* (New York: Modern Library, n.d.), 1:186.〔『ローマ帝国衰亡史　全10巻』中野好夫ほか訳、ちくま学芸文庫、1995-1996年〕
(41) Gibbon, *Decline and Fall*, 1:191. See also 1:198.
(42) 次の見解を参照のこと。Gibbon, *Decline and Fall*, 1:194-96 and 1:202, n.71:「ギリシアとゲルマニアが同じ民族だったということはほぼありえない。我が好事家たちが、同じようなことは同じ状況によっては普通はもたらされないということをあえて考えようとするのであれば、そのような知識における無駄は省かれることになるだろう」。さらに、次の文献も参照のこと。Arnaldo Momigliano, "Ancient History and the Antiquarian," *Journal of the Warburg and Courtauld Institute* 13, nos. 3-4 (1950): 285-315.
(43) J. G. A. Pocock, *Barbarism and Religion, vol. 2, Narratives of Civil*

（New York: Grove Press, 2004. 最初はフランス語で1963年に刊行された）, 237–38.

（28） Maria Hsia Chang, "The Thought of Deng Xiaoping," *Communist and Post-Communist Studies* 29, no. 2 （1995）: 380.

（29） 私の次の著作の第四章での議論を参照のこと。*The Climate of History in a Planetary Age* （Chicago: University of Chicago Press, 2021）.

（30） B. R. Ambedkar cited in Mukul Sharma, *Caste and Nature: Dalits and Indian Environmental Politics* （New Delhi: Oxford University Press, 2017）, 141.

（31） 次を参照のこと。Bruno Latour and Dipesh Chakrabarty, "Conflicts of a Planetary Proportion: A Conversation," *Journal of Philosophy of History* 14, no. 3 （2020）: 419–54.

（32） Rachel Carson, *Silent Spring* （Boston: Houghton Mifflin Co., 1962）〔『沈黙の春』青樹簗一訳、新潮文庫、2004年〕; Donella H. Meadows et al., *The Limits to Growth* （New York: Universe Books, 1972）.〔『成長の限界』大来佐武郎監訳、ダイヤモンド社、1972年〕

（33） Bruno Latour, *We Have Never Been Modern*, trans. Catherine Porter （Cam- bridge, MA: Harvard University Press, 1993. 最初はフランス語で1991年に刊行された）, 13.

（34） Edward W. Said, *Orientalism* （New York: Pantheon Books, 1978）〔『オリエンタリズム　上下』今沢紀子訳、平凡社ライブラリー、1993年〕; Ranajit Guha, ed., *Subaltern Studies: Writings on South Asian History and Society* （New Delhi: Oxford University Press, 1982–89）; Partha Chatterjee, *Nationalist Thought and the Colonial World: A Derivative Discourse?* （London: Zed Books for the United Nations University, 1986）; Gayatri Chakravorty Spivak, "Can the Subaltern Speak?," in *Marxism and the Interpretation of Culture*, ed. Cary Nelson and Lawrence Grossberg, （Urbana: University of Illinois Press, 1988）, 271–315〔『サバルタンは語ることができるか』上村忠男訳、みすず書房、1998年〕; Homi K. Bhabha, *The Location of Culture* （London: Routledge, 1994）〔『文化の場所』本橋哲也ほか訳、法政大学出版局, 2005年〕; Arjun Appadurai,

Modernity Thesis," in *Melodrama and Modernity: Early Sensational Cinema and Its Context* (New York: Columbia University Press, 2001).

(22) Daniel Carey and Lynn Festa, eds., *Postcolonial Enlightenment: Eighteenth Century Colonialism and Postcolonial Theory* (New York: Oxford University Press, 2009).

(23) この点に関する文献は膨大だが、マイケル・ハートとアントニオ・ネグリがその著名な著作で行った「マルチチュード」の概念がスピノザの哲学に基づくことについては異論はないだろう。*Empire* (Cambridge, MA: Harvard University Press, 2000).〔『〈帝国〉』水嶋一憲ほか訳、以文社、2003年〕さらに次の文献も参照のこと。Etienne Balibar, *Spinoza and Politics*, trans. Peter Snowden (London: Verso, 1998)〔『スピノザと政治』水嶋一憲訳、水声社、2011年〕, Warren Montag, *Bodies, Masses, Power: Spinoza and His Contemporaries* (London: Verso, 1999). さらに、近代的な学術の実践と政治的な思考の始まり初期近代の時期へと辿るようなものは、南アジアの歴史でいうと、下記の著作に比肩しうるものは存在しない。Gerhard Oestreich's *Neostoicism and the Early Modern State* (1982; repr., Cambridge: Cambridge University Press, 2008); Philip S. Gorski's *The Disciplinary Revolution: Calvinism and the Rise of the State in Early Modern Europe* (Chicago: University of Chicago Press, 2003); or John Witte Jr.'s *The Reformation of Rights: Law, Religion, and Human Rights in Early Modern Calvinism* (Cambridge: Cambridge University Press, 2007).

(24) Hannah Arendt, "The Freedom to Be Free," *New England Review* 38, no. 2 (2017): 63.

(25) 拙論を見よ。"Legacies of Bandung: Decolonization and the Politics of Culture," *Economic and Political Weekly* 40, no. 46 (2005): 4,812-18.

(26) Aimé Césaire, *Discourse on Colonialism*, trans. Joan Pinkham (New York: Monthly Review, 1972. 最初はフランス語で1955年に刊行された), 24-25 (強調はセゼール).〔『帰郷ノート・植民地主義論』砂野幸稔訳、平凡社ライブラリー、2004年〕

(27) Frantz Fanon, *The Wretched of the Earth*, trans. Richard Philcox

訳、岩波書店、2010年〕; Sudipta Kaviraj, "An Outline of a Revisionist Theory of Modernity," *European Journal of Sociology* 46, no. 3 (2005): 497-526.

(13) Patrick Wolfe, "Structure and Event: Settler Colonialism, Time, and the Question of Genocide," in *Empire, Colony, Genocide: Conquest, Occupation, and Subaltern Resistance in World History*, ed. A. Dirk Moses (New York: Berghahn Books, 2010), 110.

(14) Subrahmanyam, "Hearing Voices," 99-100 (強調はスブラマニヤム).

(15) John F Richards, "Early Modern India and World History," *Journal of World History* 8, no. 2 (1997): 197.

(16) Richards, "Early Modern India," 198-206.

(17) C. A. Bayly, *The Birth of the Modern World, 1780-1914* (Oxford: Blackwell, 2004), 11.〔『近代世界の誕生　上下』平田雅博ほか訳、名古屋大学出版会、2018年〕

(18) Jürgen Osterhammel, *The Transformation of the World: A Global History of the Nineteenth Century*, trans. Patrick Camiller (Princeton: Princeton Uni- versity Press, 2014. 最初はドイツ語で2009年に刊行された), 916-17.

(19) 私の著作の序文と結語で行なった議論を参照のこと。*Rethinking Working- Class History: Bengal 1890-1940* (1989; repr., Princeton: Princeton University Press, 2000). さらに、"Subaltern Studies, Post-Colonial Marxism, and 'Finding Your Place to Begin from': Interview with Dipesh Chakrabarty," in *Contemporary Political Theory: Dialogues with Political Theorists*, ed. Maria Dimova-Cookson, Gary Browning, Raia Prokhovnik (London: Palgrave Macmillan, 2012).

(20) イマニュエル・ウォーラーステインは次の文献で引用されている。Alexander Woodside, Lost Modernities: *China, Vietnam, Korea and the Hazards of World History* (Cambridge, MA: Harvard University Press, 2006), 18.

(21) 映画と映画研究は、「近代的な生活」の問題に、まさしく歴史的な行為者の時間と空間の経験に関する問題として長らく着目してきた。次の文献を参照のこと。Ben Singer, "Making Sense of the

University of Chicago Press, 2002). の第２章（"Subaltern Histories and Post-Enlightenment Rationalism"）での議論をも参照のこと。

（８）Dipesh Chakrabarty, *Provincializing Europe: Postcolonial Thought and Historical Difference* (2000; repr., Princeton: Princeton University Press, 2007). これらの動向は、ヨーロッパの植民者は、植民地化された側の「同時代性」を否定することによって自らの他者の支配を正当化したということを思い出させるが、それはジョナサン・ファビアンがそのよく知られた著作で指摘したのは有名である。*Time and the Other: How Anthropology Makes Its Object* (New York: Columbia University Press, 1983).

（９）Shmuel N. Eisenstadt and Wolfgang Schlucter, "Introduction: Paths to Early Modernities — A Comparative View," *Daedalus* 127, no. 3 (Summer 1998), 2. これと同じ号に収録されている Sanjay Subrahmanyam "Hearing Voices: Vignettes of Early Modernity in South Asia, 1400–1750" では、Eisenstadt 本人が、自身の次の論考で「収斂」説を提案した。*Modernization, Protest and Change* (99, 1966).

(10) ここでの私の考察は主として非西洋の、とりわけアジアの歴史と関係している。この学問における修正は、もちろん、近代化についての思想が大学の外でのハイポリティクスの世界で重要性を失ったことを意味しない。多くの人が思い出すことになるのだろうが、ここ数十年の中国の資本主義への取り組みは「四つの近代化」の名目のもとで始まった。この思想は生きているし、アジアでの（そして私はそこ以外でもそうだと思うが）社会科学的な論述においても生きている。たとえば次の著書を参照のこと。Yoshiie Yoda, *The Foundations of Japan's Modernization: A Comparison with China's Path Towards Modernization,* trans. Kurt W. Radtke (Leiden: Brill Academic Publishers, 1995).

(11) Kwame Anthony Appiah, *In My Father's House: Africa in the Philosophy of Culture* (New York: Oxford University Press, 1992), 144–45.

(12) たとえば次の著書を参照のこと。Dilip Parameshwar Gaonkar, "On Alternative Modernities," *Public Culture* 11, no. 1 (1999): 1–18; Charles Taylor, *Modern Social Imaginaries* (Durham, NC: Duke University Press, 2004)〔『近代　想像された社会の系譜』上野成利

1983年に核のオムニサイドの防止のための国際的な哲学者連盟を設立した。https://users.drew.edu/～ jlenz/brs-obit-somerville.html（最終アクセスは2022年９月12日）

(77) Celermajer, “Omnicide.”

(78) Ibid.

第二章

（１）Charles S. Maier, “Consigning the Twentieth Century to History: Alternative Narratives for the Modern Era,” *American Historical Review* 105, no. 3 (June 2000).

（２）Maier, “Consigning the Twentieth Century,” 812.

（３）Reinhart Koselleck, “History, Histories, and Formal Structures of Time,” in his Futures Past: *On the Semantics of Historical Time*, trans. Keith Tribe (Cambridge, MA: MIT Press, 1985), 102.

（４）Maier, “Consigning the Twentieth Century,” 811（強調はチャクラバルティ）.

（５）この節の最初のいくつかの段落は、私の次の論考に立脚している。“The Muddle of Modernity,” *American Historical Review* 116, no. 3 (June 2011): 663–75.

（６）Kathleen Davis, *Periodization and Sovereignty: How Ideas of Feudalism and Secularization Govern the Politics of Time* (Philadelphia: University of Pennsylvania Press, 2008). この企画は、次の著作で展開されている。Kathleen Davis and Nadia Altschul, eds., *Medievalisms in the Postcolonial World: The Idea of “The Middle Age” Outside Europe* (Baltimore: Johns Hopkins University Press, 2009). 私は個人的に、自分の次の論考をめぐるささやかな議論の場に参加した。“Historicism and Its Supplements: Notes on A Predicament Shared by Medieval and Postcolonial Studies” in that volume (109–19).

（７）Barun De, “The Colonial Context of the Bengal Renaissance,” in *Indian Society and the Beginnings of Modernisation, ed. C. H. Philips and Mary Doreen Wainwright* (London: School of Oriental and African Studies, 1976), 124–25. 私の著作 Habitations of Modernity: Essays in the Wake of Subaltern Studies (Chicago:

(Minneapolis: University of Minnesota Press, 2016).

(69) 次の論考を参照のこと。Hannah Arendt, "The Jew as Pariah: A Hidden Tradition," in *Reflections on Literature and Culture, ed. and intro. Susannah Young-ah Gottlieb* (Stanford: Stanford University Press, 2007), 69-90. Gilles Deleuze and Félix Guattari, *Kafka: Towards a Minor Literature, trans. Dana Polen* (Minneapolis: University of Minnesota Press, 1986. 最初はフランス語で1975年に刊行された).〔『カフカ』宇野邦一訳、法政大学出版局、2017年〕さらに、次のインタヴューで私が述べたことも参照のこと。"An Interview with Dipesh Chakrabarty" in *Unacknowledged Kinships: Postcolonial Studies and the Historiography of Zionism,* ed. Stefan Vogt, Derek Penslar, and Arieh Saposnik (Waltham, MA: Brandeis University Press, forthcoming).

(70) Ed Yong, *I Contain Multitudes: The Microbes Within Us and a Grander View of Life* (New York: Harper Collins, 2018), 264 (強調はチャクラバルティ).

(71) Bruno Latour, *Facing Gaia: Eight Lectures on the New Climatic Regime,* trans. Catherine Porter (Cambridge: Polity, 2017. 最初はフランス語で2015年に刊行された).

(72) Latour, *Facing Gaia,* 247, 248. 73. Ibid., 281.

(73) Ibid., 281.

(74) たとえば次の著作での議論を参照のこと。Bruno Latour, *War of the Worlds: What About Peace?*(Chicago: Prickly Paradigm Press, 2002), 36-38.〔『諸世界の戦争』工藤晋訳、以文社、2020年〕

(75) 次の文献を参照のこと。A. Dirk Moses, "Raphael Lemkin, Culture, and the Concept of Genocide," in *The Oxford Handbook of Genocide Studies, ed. Donald Bloxham and A. Dirk Moses* (New York: Oxford University Press, 2012), 19-41.

(76) Danielle Celermajer, "Omnicide: Who is responsible for the greatest of all crimes?" *Religion and Ethics* (blog), Australian Broadcasting Corporation, January 3, 2020, https://www.abc.net.au/religion/danielle-celermajer -omnicide-gravest-of-all-crimes/11838534. オムニサイド (omnicide) という言葉を作ったのはアメリカの哲学者ジョン・サマービル (1905-1994) だが、彼は

β型コロナウイルスもしくはサルベコロナウイルスによって確証されている。その容体結合ドメインは、様々な哺乳類の容体をサンプリングすることで、とてつもなく進化しているように思われる。

(57) Ibid., 1081.

(58) Quammen, *Spillover*, 137（強調はチャクラバルティ）.

(59) Krause, *The Restless Tide*, 12.

(60) Morens and Fauci, "Emerging," 1078.

(61) ラトゥールが次の著作で「近代の構成」を論じたのは有名な話である。*We Have Never Been Modern*, trans. Catherine Porter (Cambridge, MA: Harvard University Press, 1993. 最初はフランス語で1991年に刊行された).〔『虚構の「近代」』川村久美子訳、新評論、2008年〕

(62) Paul G. Falkowski, *Life's Engine: How Microbes Made Earth Inhabitable* (Princeton: Princeton University Press, 2015), 39.

(63) Dorothy H. Crawford, *Viruses: A Very Short Introduction* (2011; repr., Oxford: Oxford University Press, 2018), 17-18.

(64) Ed Yong, *I Contain Multitudes: The Microbes Within Us and a Grander View of Life* (New York: Harper Collins, 2016), 128.

(65) 主権に関するこれらの論点については、次の論考での議論を参照のこと。Nathan Wolfe, *The Viral Storm: Dawn of a New Pandemic Age* (New York: St. Martin's Griffin, 2011), 212-15 and chap. 12. ウォルフは、さらなるウイルスの嵐が実際来るとしても、世界の権力機構の構成と組成は同じであろうという想定に関して書いている。

(66) Jean-Paul Sartre, Preface to Frantz Fanon, *The Wretched of the Earth, trans. Richard Philcox* (New York: Grove Press, Grove Press, 2004; first published in French 1961), lix.

(67) Lena Reitschuster, "Beyond Individuals: Lynn Margulis and Her Holo-biontic Wolds," in Latour and Weibel, *Critical Zones,* 353. Yong, Multitudes, 157. Reitschuster cites Lynn Margulis, "Symbiogenesis and Symbionticism" in *Symbiosis as a Source of Evolutionary Innovation: Speculation and Morphogenesis*, ed. Lynn Margulis and René Fester (Cambridge, MA: MIT Press, 1991), 1-14.

(68) 次の著作を参照のこと。Vinciane Despret, *What Would Animals Say If We Asked the Right Questions?*, trans, Brett Buchanan

(41) これに関する簡潔な考察としては次の箇所を参照のこと。Foucault, *Security*, 77-78.

(42) Ibid., 22.

(43) Ibid., 36, 67-75, 96.

(44) Ibid., 276. だが従って、ラトゥールが述べているように、以下のことは本当のことである。すなわち、「宇宙における地球の位置に関する私たちの考えが変容するとき、社会秩序における革命が続くことになる。ガリレオのことを思い出そう。天文学者が地球は太陽の周りを回っていると宣言したとき、社会の構造全体があたかも攻撃されているように感じられた」。Latour and Weibel, *Critical Zones*, 13.

(45) Ibid., 276.

(46) Lynn Margulis and Dorian Sagan, Microcosmos: *Four Billion Years of Evolution from Our Microbial Ancestors* (1986; repr., Berkeley: University of California Press, 1997), 16.

(47) David M. Morens, Gregory K. Folkers, and Anthony S. Fauci, "The Challenge of Emerging and Re-emerging Infectious Diseases," *Nature* 430 (July 8, 2004): 242. リチャード・クラウセの著書の表題は次のものである。*The Restless Tide: The Persistent Challenge of the Microbial World* (Washington, D.C.: National Foundation for Infectious Diseases, 1981). クラウセ (1925-2015) の伝記上の詳細については、次の文献も参照のこと。David M. Morens, "Richard M. Krause: The Avuncular Ava- tar of Microbial Science," *Proceedings of the National Academy of Sciences of the United States of America* 113, no. 7 (February 16, 2016): 1,681-83.

(48) Morens, Folkers, and Fauci, "The Challenge," 248.

(49) Morens and Fauci, "Emerging Pandemic Diseases," 1,078.

(50) Krause, *The Restless Tide*, 11.

(51) Ibid., 12.

(52) Wolfe, Dunavan, and Diamond, "Origins," 282.

(53) Ibid.

(54) Morens and Fauci, "Emerging Pandemic Diseases," 1080.

(55) Ibid., 1078.

(56) Ibid., 1980. このことは、SARS に類似したコウモリに由来する

「あなたの子供たちは元気ですか？（बच्चे बच रहे ह ?)」になる。それは「ご機嫌いかがですか？」ではなくて、もっと基本的な関心事としての、「あなたの子供たちは元気に過ごしていますか？」というものである。飢餓や栄養失調とともに生きていて、医療がほとんどなく、私が知っているあらゆる母親が自分の子供が死ぬのを見ていて、下痢からヘビ咬傷にいたるあらゆることのせいで村々の丘に点在する小さなお墓が増えていくのを見てきた人々にとって、「元気ですか？（वाच रया ?)」は、正当な問いかけだった。「みなさん元気にしていますか？」。このように問うのは、不測の死につきまとわれていて、それが生きていることに常に同伴しているからだ。30年後になって、都市部のエリートたちのサークルの中でこの問いを私が発することになるとは思いもよらなかった。

ご自身のメールの転載を許可してくれたバヴィスカー教授に感謝する。

(34) Dipesh Chakrabarty, *The Climate of History in a Planetary Age* (Chicago: University of Chicago Press, 2021).

(35) 次の文献を参照のこと。Arvind Elangovan, *Norms and Politics: Sir Benegal Narsing Rau in the Making of the Indian Constitution* (Delhi: Oxford University Press, 2019).

(36) 2021年５月24日のＡ・エランゴヴァンからのメール。ご自身のメールの転載を許可してくれたエランゴヴァン教授に感謝する。

(37) 下記の論考での議論を参照のこと。Gunter Senft, "Phatic Communion," in *Culture and Language Use, ed. Gunter Senft, Jan-Ola Östman, and Jef Verschueren* (Amsterdam: John Benjamins Publishing Co., 2009), 226-33.

(38) Michel Foucault, Security, Territory, *Population: Lectures at the College de France* 1977-1978, ed. Michel Senellart, trans. Graham Burchell, English Series ed. Arnold I. Davidson (New York: Palgrave Macmillan, 2007), 115.〔『ミシェル・フーコー講義集成７ 安全・領土・人口』高桑和巳訳、筑摩書房、2007年〕

(39) Latour and Weibel, *Critical Zones*, 75.

(40) Foucault, *Security*, 1. この本の編者たちは、フーコーが「社会は防衛しなければならない」という原則に関する1975年から76年の講義で「生権力」という表現を用いたことを指摘していている。

(26) David M. Morens et al., "Perspective Piece: The Origin of COVID-19 and Why It Matters," *American Journal of Tropical Medicine and Hygiene* 103, no. 3 (2020): 955.

(27) Quammen, *Spillover*, 207-8.

(28) Ibid., 290.

(29) Hartog, *Regimes of Historicity*.

(30) Pierre Charbonnier, "'Where Is Your Freedom Now?' How the Moderns Became Ubiquitous," in Latour and Weibel, *Critical Zones*, 77.

(31) Charbonnier, "'Where Is Your Freedom Now?'"

(32) Roman Jakobson, "Linguistics and Poetics," in *Style in Language*, ed. Thomas E. Sebeok (Cambridge, MA: MIT Press, 1960), 5. ヤコブソンはマリノウスキーの著作をさほど読んでおらず、言語の交話的機能の考えをエジプト学者のアラン・ガーディナーから得たかもしれないということについては次の文献で論じられている。Rasmus Rebane, "The Context of Jakobson's Phatic Function," in (*Re*) *considering Roman Jakobson, ed. Elin Sütiste, Remo Gramigna*, Jonathan Griffin, and Silvi Salupere (Tartu: University of Tartu Press, 2021), 227-44. マリノウスキーの元々の論考は、次のものである。"The Problem of Meaning in Primitive Languages," in *The Meaning of Meaning*, ed. C. K. Ogden and I. A. Richards (London: K. Paul, Trench, Trubner and Co., 1923), 296-336. さらに注37も参照のこと。

(33) 最近の電子メールでのやりとり（2021年10月８日）で、社会学者のアミタ・バヴィスカーは私に、次のような素晴らしいコメントを届けてくれた。

> ここデリーでの第二波の渦中に私たちがいたとき、私が2021年の５月初めに書いたfacebookの投稿は、あなたの興味をひくのではないかと私は考えました。それは、「元気ですか？（वाच रया ?)」という言い回しに関するもので、1990年代の初頭、私がナルマダ谷に住んでいた時そこで昔から暮らす人々が毎週の市場や他のところで知り合いと会うとき「元気ですか？（वाच रया ?)」と声がけしながら挨拶していたことに気づいた。それはपुरिया वाच रया ?を短縮したもので、ヒンディ語に辞儀通りに翻訳すると、それは

2008年〕および *Chronos: L'Occident aux prises avec le Temps* (Paris: Gallimard, 2020), これは今では英語に翻訳されている。*Chronos: The West Confronts Time*, trans. S. R. Gilbert (New York: Columbia University Press, 2022).

(12) Nathan Wolfe, Claire Panosian Dunavan, and Jared Diamond, "Origins of Major Human Infectious Diseases," *Nature* 447 (May 17, 2007): 281.

(13) David M. Morens et al., "Pandemic COVID-19 Joins History's Pandemic Legion," *mBio* 11, no. 3 (May-June 2020): 1.

(14) Ibid., 3-4.

(15) Ibid., 3-4 (強調はチャクラバルティ).

(16) David M. Morens and Anthony S. Fauci, "Emerging Pandemic Diseases: How We Got to COVID-19," *Cell* 182 (September 3, 2020): 1077 (強調はチャクラバルティ).

(17) David Quammen, *Spillover: Animal Infections and the Next Human Pandemic* (New York: W. W. Norton, 2012), 44. 〔『スピルオーバー』甘糟智子訳、明石書店、2021年〕

(18) R. E. Kahn et al., "Meeting Review: 6th International Conference on Emerging Zoonoses," supplement, *Zoonoses and Public Health* 59, no. S2 (2012): 6.

(19) Morens, "Pandemic COVID-19," 4.

(20) Quammen, *Spillover*, 40.

(21) Ibid.

(22) UN Environment Programme and the International Livestock Research Institute, *Preventing the Next Pandemic: Zoonotic Diseases and How to Break the Chain of Transmission* (Nairobi, Kenya: 2020); Barney Jeffries, The Loss of Nature and the Rise of Pandemics: Protecting Human and Planetary Health (Gland, Switzerland: World Wide Fund for Nature, March 2020).

(23) UN, *Preventing the Next Pandemic*, 15-17.

(24) Jeffries, *The Loss of Nature*, 14.

(25) Vincent C. C. Cheng et al., "Severe Acute Respiratory Syndrome Coro- navirus as an Agent of Emerging and Reemerging Infection," *Clinical Micro- biology Reviews* (October 2007): 683.

(Cambridge, MA: Harvard University Press, 2014).

(3) Andrew S. Goudie and Heather A. Viles, *Geomorphology in the Anthropocene* (Cambridge: Cambridge University Press, 2016), 28.

(4) Clive Ponting, *A New Green History of the World* (London: Penguin Books, 2007), 412.

(5) Will Steffen et al., "The Trajectory of the Anthropocene: The Great Acceleration," *Anthropocene Review* 2, no. 1 (2015): 1-18; Ripple et al., "World Scientists' Warning of a Climate Emergency 2021," *BioScience* 71, no. 9 (September 2021).

(6) Hannes Bergthaller, "Thoughts on Asia and the Anthropocene," in *The Anthropocenic Turn: The Interplay Between Disciplinary and Interdisciplinary Responses to a New Age*, ed. Gabriele Dürbeck and Phillip Hüpkes (London: Routledge, 2020), 78.

(7) この点に関しては、私の著作の序章を参照されたい。*The Climate of History in a Planetary Age* (Chicago: University of Chicago Press, 2021).

(8) Bergthaller, "Thoughts on Asia and the Anthropocene," 78.

(9) このカンファレンスに関しては、次の情報を参照されたい。https://zzf-potsdam.de/en/veranstaltungen/chronopolitics-time-politics-politics-time-politicized-time.「時間政治」という表現のいっそう早い時期の用法については次のものを参照のこと。Hartmut Rosa, Social Acceleration: *A New Theory of Modernity*, trans. Jonathan Trejo-Mathys (New York: Columbia University Press, 2015; first published in German in 2005), 12.

(10) ワクチン接種に積極的に抵抗する人たちに関しては考慮の外に置く。この人たちは未来に関する様々な選択肢と想像力で満たされた多くの異なるイデオロギーでできた複雑な状況にいる。だがその人たちはまた、そこで自分たちの選択肢が承認されて考慮されることになる「民主主義的な」現在に存することを欲してもいる。

(11) ここでの私の考察は、フランソワ・アルトーグが次の著作で行った「現在主義」に関する議論に恩恵を得ている。Regimes of Historicity: Presentism and the Experiences of Time, trans. Saskia Brown (New York: Columbia Uni- versity Press, 2015; 最初は2003にフランス語で刊行された)〔『「歴史」の体制』伊藤綾訳、藤原書店、

（26） Ibid., 109.
（27） Ibid., 242.
（28） Ibid., 242.
（29） Ibid., 260（強調はナイル）.
（30） Chakrabarty, *The Climate of History*.
（31） *History and Theory* 60, no. 3(September 2021) での、フランソワ・アルトーグのエッセー"*Chronos, Kairos, Krisis*: The Genesis of Western Time." に関するシンポジウムを参照のこと。
（32） 国連による下記のプレスリリースを参照のこと。www.un.org/press/en/2021 /sgsm20847.doc.htm（最終アクセスは2022年1月30日）
（33） Aristotle, *The Nicomachean Ethics in The Complete Works of Aristotle: The Revised Oxford Translation*, Book V, ed. Jonathan Barnes, trans. W. D. Ross, revised by J. O. Urmson (Princeton: Princeton University Press, 1984), 1,788.〔『ニコマコス倫理学　上下』高田三郎訳、岩波文庫、1971年〕
（34） Donna Haraway, *Staying with the Trouble: Making Kin in the Chthulucene* (Durham, NC: Duke University Press, 2016).
（35） ニュースクール大学で2021年6月に私が行った発表に対してその場で論評しつつこれを指摘してくれた哲学者であるジェイ・バーンスタインに感謝する。歴史のカテゴリーに関して批判的に思考するというのは歴史を超えて思考するという私の方法論であるという彼の意見はまた現在のコンテクストにおいて適切なものと思われる。

第一章
（1） Bruno Latour and Peter Weibel eds., *Critical Zones: The Science and Politics of Landing on Earth* (Cambridge, MA: MIT Press, 2020).
（2） Jan Zalasiewicz, "Old and New Patterns of the Anthropocene," in "Strata and Three Stories," ed. Julia Adeney Thomas and Jan Zalasiewicz, special issue, *Perspectives: Transformations in Environment and Society*, no. 3 (2020): 16. 下記の文献も参照のこと。J. R. McNeill and Peter Engelke, *The Great Acceleration: An Environmental History of the Anthropocene since 1945*

Williams and Jan Zalasiewicz, *The Cosmic Oasis: The Remarkable Story of Earth's Biosphere* (Oxford: Oxford University Press, 2022), 29:「地球システム科学は地球を、物理的、化学的、生物学的な構成部分を含んでいて、そしてそれらの総和以上のものである統一されたシステムとみなしている」。

(14) 前掲の Ellis and Lenton を参照のこと。

(15) www.igbp.net/globalchange/earthsystemdefinitions.4.d8b4c3c12bf3 be638a80001040.html, 最終アクセスは2022年1月30日

(16) Jean-Paul Sartre, Preface to *The Wretched of the Earth* by Frantz Fanon, trans. Richard Philcox, with a foreword by Homi K. Bhabha (New York: Grove Press, 2004), lix.〔サルトルの序文、フランツ・ファノン『地に呪われたる者　新装版』鈴木道彦、浦野衣子、みすず書房、2015年〕

(17) Kathryn Yusoff, *A Billion Black Anthropocenes or None* (Minneapolis: University of Minnesota Press, 2018), 106.

(18) Ibid., 107. 12-13をも参照のこと。

(19) この議論の拡張版としては、次の文献を参照のこと。Chakrabarty, *The Climate of History.*

(20) Dipesh Chakrabarty, *Provincializing Europe: Postcolonial Thought and Historical Differences* (2000; repr. with a new preface, Princeton: Princeton University Press, 2008).

(21) Baucom, *History 4° Celsius, especially* 44-72.

(22) Ibid., 22-23.

(23) Achille Mbembe, "Decolonizing Knowledge and the Question of Archive," cited in Baucom, *History 4° Celsius, 25.* この講義は2015年に行われた。そのオンライン版としては、次を参照のこと。https://wiser.wits.ac.za/system/files/Achille%20Mbembe%20-%20Decolonizing%20Knowledge%20 and %20the%20Question%20of%20the%20Archive.pdf（最終アクセスは2022年10月13日）

(24) Thomas Nail, *Theory of the Earth* (Stanford: Stanford University Press, 2021). 以下の段落は、私の著作『歴史の気候』をめぐって行われた、「Environmental Philosophy」誌での特集のために書かれた。この特集を主導し組織した Jeremy Bendik-Kermer に感謝する。

(25) Nail, *Theory of the Earth*, 95.

注

序章

（1）Dipesh Chakrabarty, "Postcolonial Studies and the Challenge of Climate Change," *New Literary History* 43, no. 1 (Winter 2012): 1–18.

（2）Dipesh Chakrabarty, "The Climate of History: Four Theses," *Critical Inquiry* 35, no. 2 (Winter 2009): 197–222.

（3）Nigel Clark and Bronislaw Szerszynski, *Planetary Social Thought: The Anthropocene Challenge to the Social Sciences* (Cambridge: Polity, 2021), 49

（4）Ian Baucom, *History 4° Celsius: Search for a Method in the Age of the Anthropocene* (Durham, NC: Duke University Press, 2000). 私はまた、とても多くの同僚たち（バウコムを含む）から共感にみちた応答をもらった。その人たちに、こうして関わってもらったことに感謝している。E・O・ウィルソンの業績を私が参照していることについては次のエッセーを参照されたい。"The Climate of History: Four Theses."

（5）See chapter 3, "The Planet: A Humanist Category," in Dipesh Chakrabarty, *The Climate of History in a Planetary Age* (Chicago: University of Chicago Press, 2021), 70, 78–79.

（6）Ibid., 3–4.

（7）Ibid., 69.

（8）Ibid., 85; さらに18をも参照のこと.

（9）*The Climate of History: Four Theses* は、おそらくはこれらの7つの命題を展開させて詳細に論じたものとして読むことができる。

（10）Ibid., 70.

（11）Erle C. Ellis, *Anthropocene: A Very Short Introduction* (Oxford: Oxford University Press, 2018); Tim Lenton, *Earth System Science: A Very Short Introduction* (Oxford: Oxford University Press, 2016).

（12）Clark and Szerszynski, *Planetary Social Thought*, 29.

（13）Clark and Szerszynski, *Planetary Social Thought*, 11, 21. Mark

マ　行

ヤ　行

ラ　行

ワ　行

ン　行

サ　行

タ　行

ナ　行

ハ　行

人名索引

著者略歴

ディペシュ・チャクラバルティ（Dipesh Chakrabarty）

1948年生まれ。インド出身の歴史学者。シカゴ大学教授。ベンガル地方の労働運動史やサバルタン研究から出発。主著に、*Provincializing Europe: Postcolonial Thought and Historical Difference*（2000）、*The Climate of History in a Planetary Age*（2021）など。地球規模の気候変動や人新世をめぐる議論の世界的先駆者である。2014年トインビー賞、2019年タゴール賞受賞。邦訳に『人新世の人間の条件』（早川健治訳、晶文社、2023年）。論文に「急進的歴史と啓蒙的合理主義」（臼田雅之訳、『思想』1996年1月）、「マイノリティの歴史、サバルタンの過去」（臼田雅之訳、『思想』1998年9月）、「気候と資本」（坂本邦暢訳、『思想』2018年3月）など。

訳者略歴

篠原雅武（しのはら　まさたけ）

1975年生まれ。京都大学大学院人間・環境学研究科博士課程修了。博士（人間・環境学）。現在、京都大学大学院総合生存学館（思修館）特定准教授。著書に『公共空間の政治理論』（人文書院、2007年）、『空間のために』（以文社、2011年）、『全－生活論』（以文社、2012年）、『生きられたニュータウン』（青土社、2015年）、『複数性のエコロジー』（以文社、2016年）、『人新世の哲学』（人文書院、2018年）『「人間以後」の哲学』（講談社選書メチエ、2020年）。訳書に『いくつもの声』（ガヤトリ・C・スピヴァク著、共訳、人文書院、2014年）、『社会の新たな哲学』（マヌエル・デランダ著、人文書院、2015年）、『自然なきエコロジー』（ティモシー・モートン著、以文社、2018年）、『ヒューマンカインド』（ティモシー・モートン著、岩波書店、2022年）など。

ISBN 978-4-409-03130-8 C1010

一つの惑星、多数の世界
――気候がもたらす視差をめぐって

二〇二四年一月二〇日　初版第一刷印刷
二〇二四年一月三〇日　初版第一刷発行

著　者　ディペシュ・チャクラバルティ
訳　者　篠原雅武
発行者　渡辺博史
発行所　人文書院
〒六一二-八四四七
京都市伏見区竹田西内畑町九
電話〇七五（六〇三）一三四四
振替〇一〇〇〇-八-一一〇三

印刷　創栄図書印刷株式会社
装丁　上野かおる

篠原雅武著

人新世の哲学

思弁的実在論以後の「人間の条件」

一万年に及んだ完新世が終わり、新たな時代が始まっている。環境、物質、人間ならざるものたちとの共存とは何か。メイヤスー、ハーマン、デランダ、モートン、チャクラバルティ、アーレントなどを手掛かりに探る壮大な試み。

二五三〇円（本体＋税一〇％）